电镀行业清洁生产技术及管理

郭亚静　党春阁　方 刚　林 岚　曾 植　著

中国环境出版集团・北京

图书在版编目（CIP）数据

电镀行业清洁生产技术及管理/郭亚静等著. —北京：中国环境出版集团，2023.12

（典型行业清洁生产政策与技术丛书）

ISBN 978-7-5111-5701-0

Ⅰ. ①电… Ⅱ. ①郭… Ⅲ. ①电镀—化学工业—清洁生产—无污染技术—研究—中国 Ⅳ. ①F426.7

中国国家版本馆 CIP 数据核字（2023）第 232290 号

责任编辑 赵　艳
封面设计 艺友品牌

出版发行 中国环境出版集团
（100062　北京市东城区广渠门内大街 16 号）
网　　址：http://www.cesp.com.cn
电子邮箱：bjgl@cesp.com.cn
联系电话：010-67112765（编辑管理部）
发行热线：010-67125803，010-67113405（传真）

印　　刷 北京中科印刷有限公司
经　　销 各地新华书店
版　　次 2023 年 12 月第 1 版
印　　次 2023 年 12 月第 1 次印刷
开　　本 787×960　1/16
印　　张 7.75
字　　数 146 千字
定　　价 46.00 元

电镀行业清洁生产技术及管理

编 写 组

郭亚静　党春阁　方　刚　林　岚　曾　植

李子秀　韩桂梅　赵志远　张桂红　刘丹丹

刘启芸　刘艳萍　邹昊宇

序

电镀行业是表面工程科学的重要分支，不仅是传统机械行业不可或缺的重要加工环节，也是高端装备制造业、先进信息技术行业等领域的重要配套环节，在制造业中具有举足轻重的地位。目前我国电镀企业超过 4 万家，生产线超过 5 000 条，年产值数百亿元，在国民经济中占有重要地位。

长期以来，我国电镀行业发展水平参差不齐，存在企业数量多、规模小、点多面广，经营分散、生产技术落后等问题。电镀行业每年排放大量含重金属的废水、固体废物、酸性废气，已成为我国最大的污染源之一，但电镀污染治理的长效机制始终没有建立起来，造成环境影响难以控制。

近年来，随着国家生态环境保护与治理的力度越来越大，电镀作为污染严重且污染物成分较为复杂的行业，始终是环境保护及污染治理的重点对象。2008 年，环境保护部发布《电镀污染物排放标准》（GB 21900—2008），对电镀水污染物和大气污染物的排放限值作出规定。2018 年，生态环境部发布《电镀建设项目重大变动清单（试行）》（环办环评〔2018〕6 号），对含专业电镀工序建设项目的生产工艺和环境保护措施作出具体要求。为解决当前电镀行业突出环境问题，实现电镀行业环境整治提升，达到节能、降耗、减污、增效的效果，电镀污染治理已从单纯的环境整治，逐步升级为全过程节能环保技术的集成优化和资源能源高效利用，清洁生产和绿色制造已成为电镀企业走向绿色可持续发展的必由之路。

“十四五”期间，我国将在巩固污染防治攻坚战阶段成果的基础上，持续深入打好污染防治攻坚战，持续推进结构调整和绿色发展，持续改善生态环境质量。为满足日益严格的环保要求，不断提升资源能源利用率，提升环境治理水平，减少电镀生产过程中的污染物产生和排放，电镀企业亟待通过技术升级、规范环保管理、加大环保投入以取得明显的环境提升效果。但由于目前电镀行业污染防治技术缺乏全过程分析，相关环保法规政策缺少系统梳理，导致企业在推进技术升级、提高治污水平的过程中缺乏政策理论和科学技术支撑。

本书以习近平生态文明思想为指导，深入贯彻“精准、科学、依法”治污方略，全面分析了电镀行业发展现状、污染物排放及治理现状，系统梳理了国家及地方颁布的产业、环境保护及清洁生产方面的法规政策，深入阐述了全过程污染控制技术，同时收集了清洁生产技术典型成功案例。我们相信，本书的出版，将为电镀企业技术升级改造、清洁生产技术的应用推广和污染治理水平的提升提供重要参考，为推动电镀企业绿色可持续发展发挥重要作用。

本书由中国环境科学研究院清洁生产与循环经济研究中心郭亚静、党春阁、方刚、林岚、曾植等共同主持编写，郭亚静负责全书统稿和整体修改工作。第 1 章电镀行业发展概况，主要由郭亚静、方刚编写；第 2 章电镀行业清洁生产相关政策及技术标准规范，主要由曾植、党春阁编写；第 3 章电镀行业主要生产工序及污染物分析，主要由党春阁、李子秀、曾植编写；第 4 章电镀行业全过程环境整治提升方案，主要由赵志远、张桂红编写；第 5 章电镀行业源头削减技术，主要由林岚、韩桂梅编写；第 6 章电镀行业过程控制技术，主要由方刚、李子秀、刘艳萍编写；第 7 章电镀行业末端治理技术，主要由郭亚静、刘启芸、林岚编写；第 8 章电镀行业资源化利用技术，主要由刘丹丹、赵志远、邹昊宇编写。感谢中国环境出版集团的编辑在本书出版过程中提供的诸多建议与指导。

本书所做分析及技术案例介绍参考了诸多文献，在此对相关作者表示感谢。受水平所限，书中不足之处在所难免，恳请广大读者批评指正。

编者

2023 年 12 月

目　录

1 电镀行业发展概况

1.1 电镀的定义及分类

1.1.1 电镀的定义

电镀是利用电解原理在某些金属表面镀上一层其他金属或合金薄层的过程，从而起到防止金属氧化（如锈蚀），提高耐磨性、导电性、反光性、抗腐蚀性及增进美观等作用。

电镀时，通常以镀层金属或其他不溶性材料做阳极，待镀的工件做阴极，镀层金属的阳离子在待镀工件表面被还原形成镀层。为排除其他阳离子的干扰，且使镀层均匀、牢固，需采用含镀层金属阳离子的溶液做电镀液，以保持镀层金属阳离子的浓度不变。

1.1.2 电镀的分类

电镀有多种分类方式，如按照电镀工艺分类、按照镀层的成分分类以及按照电镀用途分类等。

（1）按照电镀工艺可以分为化学镀、电镀以及电铸三类

化学镀（自催化镀），是指在经活化处理的基体表面上，镀液中金属离子被催化还原形成金属镀层的过程。

电镀，是指利用电解原理在某些金属表面镀上一层其他金属或合金薄层的过程。这种工艺过程比较复杂，但是具有很多优点，如沉积的金属类型较多，可以得到的颜色多样，比同类工艺价格低廉。

电铸，是指通过电解使金属沉积在铸模上制造或复制金属制品（能将铸模和金属沉积物分开）的过程。这种处理方式是在要求最后的制件有特殊表面效果（如清晰明

显的抛光与蚀纹分隔线或特殊的锐角）等情况下使用。一般采用铜材质制作一个部件的形状后，通过电镀的工艺手段将合金沉积在其表面上，通常沉积厚度达到几十毫米。之后将形腔切开，分别镶拼到模具的形腔中，注射塑件，通过这样处理的制件在棱角和几个面的界限上会有特殊的效果，以满足设计的需要。通常，电镀后要求高光和蚀纹电镀效果界限分明的塑胶件以及对质量要求较高的情况下，都采用这样的手段进行制作。

（2）按照镀层的成分则可分为单金属电镀、合金镀和复合镀三类

单金属电镀至今已有170多年历史，元素周期表上已有33种金属可从水溶液中电沉积制取。常用的有电镀锌、镍、铬、铜、锡、铁、钴、镉、铅、金、银等十余种。

在阴极上同时沉积出两种或两种以上的元素所形成的镀层为合金镀层。合金镀层具有单一金属镀层不具备的组织结构和性能，还具有特殊装饰外观、较高的抗蚀性、优良的焊接性、磁性等。合金镀层分为弥散层和覆合层，前者如镍—碳化硅、镍—氟化石墨等，后者如钢上的铜—镍—铬层、钢上的银—铟层等。除铁基的铸铁、钢和不锈钢外，电镀的基体材料还有非铁金属，以及ABS塑料、聚丙烯塑料、聚砜塑料和酚醛塑料等，但塑料模具电镀前必须经过特殊的活化和敏化处理。

复合镀是将固体微粒加入镀液中与金属或合金共沉积，形成一种金属基的表面复合材料的过程，以满足特殊的应用要求。根据镀层与基体金属之间的电化学性质分类，电镀层可分为阳极性镀层和阴极性镀层两大类。凡镀层金属相对于基体金属的电位为负时，形成腐蚀微电池时镀层为阳极，故称阳极性镀层，如钢铁件上的镀锌层；而镀层金属相对基体金属的电位为正时，形成腐蚀微电池时镀层为阴极，故称阴极性镀层，如钢铁件上的镀镍层和镀锡层等。

（3）按照电镀的用途可以分为五类

防护性镀层：如锌、镍、镉、锡和镉锡合金等镀层，作为耐大气及各种腐蚀环境的防腐蚀镀层；

防护装饰镀层：如铜镍铬、镍铁镉复合镀层等，既有装饰性，又有防护性；

装饰性镀层：如金、银以及铜仿金镀层，黑铬、黑镍镀层等；

修复性镀层：如电镀镍、镉、铁镀层，用于修复一些造价颇高的易磨损件或加工超差件；

功能性镀层：如金、银等导电镀层；镍—铁、铁—钴、镍—钴等导磁镀层；镉、铂-

钌等高温抗氧化镀层；银、镉等反光镀层；黑铬、黑镍等防反光镀层；硬铬、Ni-SiC 等耐磨镀层；铅、铜、锡、银等焊接性镀层；防渗碳镀铜等。

1.2 电镀行业发展史

在漫长的历史进程中，我们的祖先发明创造了多种表面镀层方法。虽然很多工艺与实物早已散失，但从仅存的一些历史记载、出土文物中，仍可以看出中华民族在电镀方面对世界做出的突出贡献，其中不少方法历经几千年仍沿用至今。

（1）古时的化学镀应用

古时的化学镀最早源于炼丹术，人们在将各种矿物草药烧煮熔炼的过程中，偶尔会发现一些奇特的变化，化学（置换）镀铜就是其中之一。东晋已有关于化学（置换）镀铜方面的明确记载。著名炼丹术士葛洪（约 283—约 363 年）在《抱朴子》中记述“以曾青涂铁，铁赤色如铜……外变而内不化也”。意即：用“曾青”涂在铁的表面，铁变成铜红色；铁的表面虽然产生了变化，但实际内部并未变化。明朝（1368—1644 年）著名药学家李时珍（约 1518—1593 年）在《本草纲目》中记述：“曾，音层，其青层层而生，故名。或云，其生从实至空，从空至层，故曰曾青也……但出铜处，年古即生。”“曾青”又名“层青”“石青”，属蓝铜矿，即碱式碳酸铜。若其接触到铁件，则可以置换出铜。

（2）青铜时代的镀层应用

早在青铜时代，我国就发明了热浸镀。锡因熔点低（仅 231.89℃）而成为热浸镀的首选。商代在公元前 14 世纪迁都河南。在河南安阳殷墟发掘中，出土了多具“虎面铜盔”，其中完整的有 6 具。这些用红铜制成的头盔，内部红铜完整，外面都镀有一层厚锡，历经 3000 多年，出土时锡层仍光耀如新。因铜上镀锡的锡层是阳极性镀层，所以抗蚀性能良好。

青铜时代，我国经济文化迅速发展，各种礼器、盛器、兵器等青铜器数量大为增加。这种斑斓而又古朴的器物在华夏民族的历史长河中闪烁着夺目的光彩。青铜器的铸造有一套要诀，战国时期（公元前 475 年—前 221 年）的《荀子·强国》记述“刑范正，金锡美，工冶巧，火齐得”。意即：冶铸时，模子要精美，用铜锡较佳，浇筑技术要高超，火候要恰当。这说明当时已力求铸造精美的青铜器。青铜器铸造后，表面还要经过打磨修饰，以获得光洁的外表，但光亮表面在空气中无法保持长久。我们的祖先用了一个简单的办法，即用木柴、树枝来焚烧，使其表面生成一层铜的氧化膜。这种火烤“氧化”工艺既可以使器具表面氧化膜呈现稳重、端庄的深褐色（即古铜色），达到装饰作用，又可以提高器具表面抗蚀性，使之不易继续氧化，实现抗腐蚀效果。此外，青铜食器表面的氧化膜可阻隔有毒的铜锈溶入食物中，可谓“一举三得”。

（3）汉代“锡金”工艺

汉代（公元前 202 年—公元 220 年）的马王堆一号墓出土了一个名为“陶甗”的炊具。这是陶制的盛器，外面覆有一层厚锡。由此推断，我们的祖先可能已经知晓金属锡是无毒的，所以将其用在盛器上。古书称为“锡金”工艺，即用金属锡包覆，这也是非导体金属化的始祖。在当时只能采用热浸镀锡的方法，即用浸或泼洒熔融锡液产生包覆。

（4）近代电镀的起源

普遍认为近代电镀源自电的发现。从 1786 年加尔瓦尼发现了动物电流到 1800 年伏特发明了电池组，随后 1805 年意大利化学家 Brugnatelli 首次利用电池组成功地将金镀到银上。1839 年，英国和俄罗斯科学家独立地设计了金属电沉积工艺，这种工艺类似于 Brugnatelli 的发明，能够用于印刷电路板的镀铜。不久之后，英国伯明翰的约翰 • 赖特（JohnWright）发现氰化钾是一个合适电镀黄金和白银的电解液。1840 年，Wright 的同事——乔治 • 埃尔金顿和亨利 • 埃尔金顿被授予第一个电镀专利。乔治 • 埃尔金顿和亨利 • 埃尔金顿在伯明翰创建了电镀工厂，从此该技术开始传播到世界各地。

在我国，西方人首先在浙江宁波进行电镀试验，其时间在 1859 年之前，这是我国最早的电镀试验记录。1865 年左右，我国已开始电镀的生产实践活动。经过十余年的发展，直至 1880 年，我国的电镀生产活动已发展到相当规模。

我国电镀行业发展大致可以按时间划分为四个阶段，分别为中华人民共和国成立前资本家控制阶段、苏联帮扶阶段、无氰电镀大发展阶段以及清洁生产高潮阶段。

（1）中华人民共和国成立前资本家控制阶段

中华人民共和国成立前，我国的电镀并不能形成规模，配制溶液都是一些资本家在房间里面偷偷进行。当然，这种溶液现在来看太过简单，工人操作也没有使用什么仪器，用来分辨镀镍好坏的方法是用嘴检查是否含有氰化物的苦杏仁味，各种工艺水平较为落后。

（2）苏联帮扶阶段

此阶段前我国生产的工件镀锌后只是在稀硝酸中浸一下（即“出光”），使其表面呈银白色，工件很快就会产生白锈。直到 1958 年，苏联专家来华介绍了六价铬钝化工艺，我国才开始使用彩虹色钝化与白钝工艺。自此，用六价铬钝化成为镀锌后处理的必需工艺。钝化工艺能大大提高金属镀层的抗蚀性能，且成本低、操作简单，因此受到电镀界的欢迎，并进一步从锌镀层发展到铜锌合金镀层、锡镀层、镍镀层及银镀层等，应用范围日广。与其他工业一样，中华人民共和国成立之后电镀也经历了改组合并、公私合营等几个阶段，厂房、设备都做了整顿和添置，建立了化验室，结束了"眼看舌舔"的原始处理方法。随着技术工艺的发展，新一代的技术人才也逐渐成长起来。1958 年 11 月在上海召开了第一次全国表面处理工艺会议，随后又于 1960 年 3 月在汉口召开了第二次全国表面处理工艺会议，开展了两次全国性的电镀技术交流。

（3）无氰电镀大发展阶段

1966 年以后，全国掀起了大搞"无氰电镀"的热潮。1971 年，国家工业部门在无锡召开第一次电镀会议，将无氰电镀提到相当重要的地位。各地立即成立诸多技术攻关组，各个部门、工厂也都在进行科研活动，为我国培养了一大批电镀方面的优秀人才。

（4）清洁生产高潮阶段

改革开放以后，电镀工业进入快速发展时期。这个阶段大批境外厂家进入中国长三角、珠三角、渤海湾等地区。但是电镀工业蓬勃发展的同时也带来诸如污染等一些问题。因此，1995 年至今，我国电镀工业又兴起一个高潮，以清洁生产为标志，致力于研究新的节能减排技术。

随着改革开放的逐步深化，我国生产力获得解放，在强劲发展的制造业带动下，电镀行业得到迅猛发展。经历了初期的粗放型发展后，在市场化改革和国际竞争的推动下，电镀业也开始追随国际先进水平和发展趋势。特别是在电镀技术开发和电镀行业管理方面，出现了许多技术跟进和创新举措，新技术、新工艺、新材料、新设备如雨后春笋般层出不穷。原先电镀生产的手工操作变为自动生产线，一些地区建立了电镀工业园区，"三废"治理技术日益完善，从事电镀研发的电镀企业、高等院校、科研机构逐步增多，电镀人才队伍不断壮大，使电镀行业焕然一新，初步建成了较完整的电镀生产体系。

进入 21 世纪后，在产品质量提升和环保要求提高的双重压力下，电镀业开始向重视管理和环境保护转变。质量管理体系认证、清洁生产审核、电镀园区建设等相继提上工作日程。目前，电镀行业在国民经济中占有重要的经济地位，电镀已成为不可缺少的生产工艺，成为表面工程的一个重要分支。

1.3 国内外电镀行业发展现状

1.3.1 全球电镀行业发展现状

目前，全球电镀行业仍保持稳定发展态势，市场供需持续增长。根据前瞻产业研究院数据，2017 年全球电镀行业电镀加工面积达到 37.27 亿 m^2，同比增长 7.22%。2013—2017 年全球电镀行业电镀加工面积如图 1-1 所示。

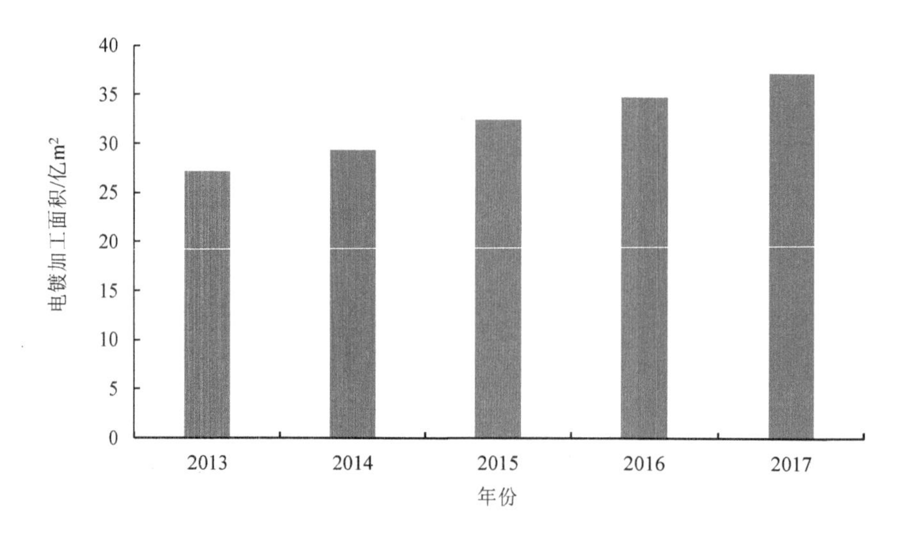

图 1-1 2013—2017 年全球电镀行业电镀加工面积统计

在需求方面，2012 年全球电镀行业电镀加工需求面积约为 26.02 亿 m^2；到 2017 年，全球电镀加工需求面积已增长至 36.16 亿 m^2，同比增长 8.10%，较 2012 年增长 38.97%。2013—2017 年全球电镀行业电镀加工需求面积如图 1-2 所示。

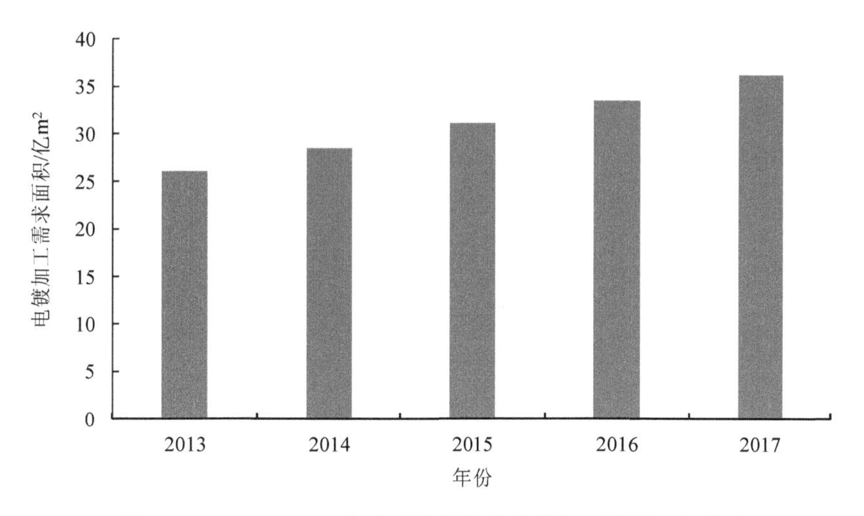

图 1-2 2013—2017 年全球电镀行业电镀加工需求面积统计

具体来看，20 世纪中叶欧洲的电镀技术不断地更新，达到世界最高水平，现阶段发展重心是如何降低电镀带来的环境污染。由于技术上的领先，欧洲电镀行业一直占据着全球重要位置。2017 年，欧洲电镀行业电镀加工面积达到 11.58 亿 m^2，占同期全球比重为 31.1%。2013—2017 年欧洲电镀行业电镀加工面积统计如图 1-3 所示。

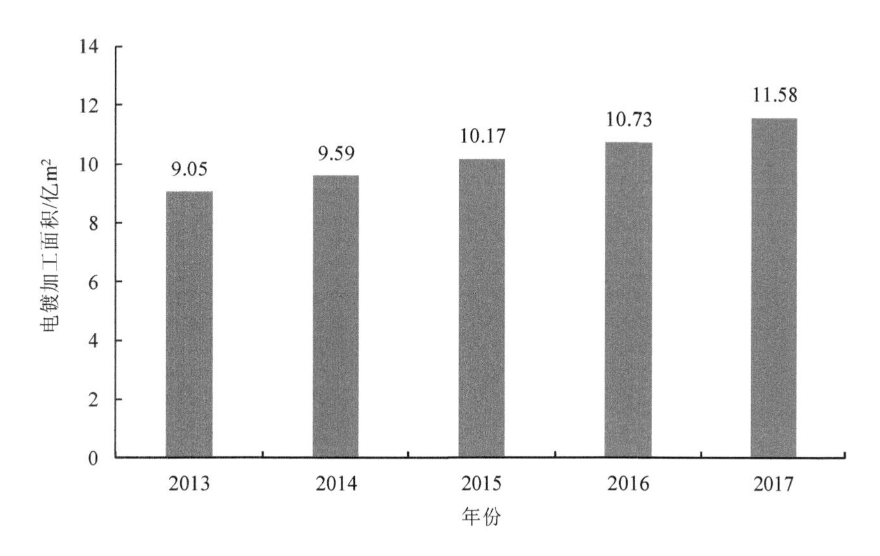

图 1-3 2013—2017 年欧洲电镀行业电镀加工面积统计

日本电镀技术出现时间也较早，约为 1855 年，并从 1892 年开始在工业上应用。1975—1985 年，基础工业有了迅速发展，10 年间日本大致确立了镍铬电镀、阳极氧化、涂装、塑料电镀等技术及其自动化基础。各类家电都采用镀锌钢板粉末涂装，塑料代替锌合金压铸件进行电镀。随着基体材料的变革和电子化的推进，原来的防护性电镀、装饰性电镀比重减少，功能性电镀比重增加，对精度高的高性能产品要求增加。与此同时，生产管理高度科学化，出现了高速电镀、脉冲电镀、合金电镀、复合电镀以及镀液的自动管理等技术。此外，也更加重视消除污染、保护环境。

1.3.2 我国电镀行业发展现状

（1）我国电镀行业基本情况

截至2018年，我国规模以上的电镀企业（含电镀车间）在9 000家左右，电镀行业年产值数百亿元。电镀企业集中分布在装备制造业、汽车行业、五金卫浴、轻工业、电子工业、航空、航天及仪器仪表工业。从规模上看，我国已经成为一个电镀大国。电镀不但是传统机械行业的重要加工环节，也是高端装备制造业、先进信息技术行业等领域的重要配套环节，电镀的工艺水平和发展程度直接决定着其他工业行业发展的好坏。因此，在未来的发展中，电镀行业具有举足轻重的地位，不可替代的特性使其具有独特的作用。

近年来我国电镀行业产能逐步扩大，产品加工面积持续增长，电镀行业稳步发展。数据显示（图1-4）：2017年我国电镀行业规模以上企业产品加工面积约12.38亿m^2，同比增长9.58%；2018年我国电镀行业规模以上企业产品加工面积约为13.23亿m^2，同比增长6.83%；2015—2018年连续四年我国电镀行业规模以上企业产品加工面积维持在10亿m^2以上。

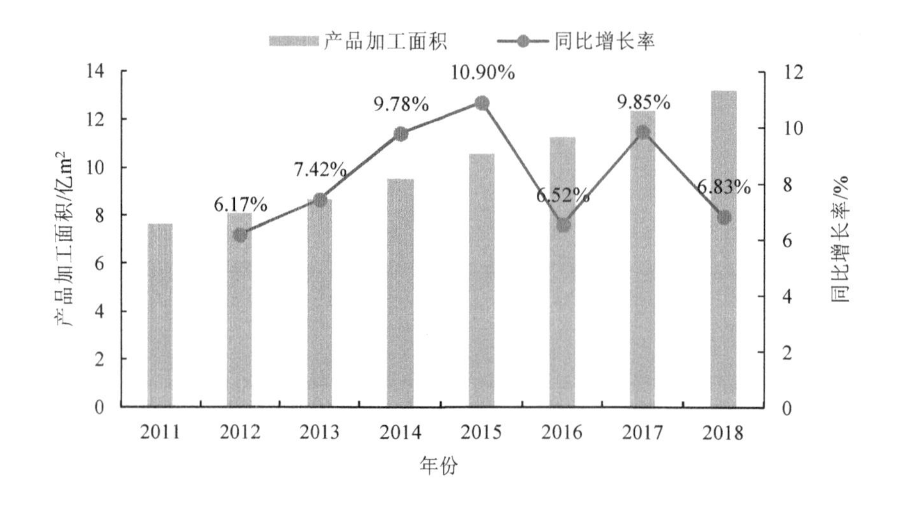

图1-4 2011—2018年中国电镀行业产品加工面积及同比增长率

为解决电镀过程中的环境污染问题，近年来我国电镀行业逐渐向镀液无毒和低毒化方向发展，并取得了较为显著的成绩，一些新的工艺配方已投入使用。随着清洁生产技术以及环保理念的普及，电镀行业相关技术和使用的添加剂不断创新，我国的电镀工艺已达到国际先进水平，拥有智能全自动电镀生产线以及先进的电镀废水、废气处理装置。

（2）我国主要电镀工业园区分布情况

近年来，我国电镀工业园区的发展和建设尤为迅速，很多园区根据电镀行业的内在规律和客观条件，按照产业链的上下游关系，优化配置资源，集中集约化布局，突出功能和特色。经过各方面的共同努力，已涌现出一大批产业集群。我国各地主要电镀工业园分布见表 1-1。

表 1-1 各地主要电镀工业园区分布

序号	省、自治区、直辖市	园区名称
1	江西	南昌市文港电镀集控区
2		江西宜春电镀集控中心
3		吉水县电镀集控区
4		赣州中联环保电镀工业园
5		万利通（九江）电镀集控园区
6	浙江	宁波镇海创业电镀有限公司
7		温州仰义后京电镀园区
8		瓯海电镀园区
9		龙湾蓝田电镀基地
10		瑞安电镀工业园
11		乐清市环保产业园
12		浙东表面处理工业园
13		慈溪联诚电镀园区
14		泉湖电镀集中区
15		宁波北仑区电镀区
16		杭州富阳华丰表面精饰科技园（杭州新登新区电镀园）
17		宁波鄞州电镀工业园
18	江苏	南通海安县润邦金属表面处理中心
19		泰州市高港区创伟金属表面处理有限公司
20		无锡金属表面处理科技工业园
21		镇江环保电镀专业区
22		扬中市永新镀业有限公司
23		昆山市千灯电路板工业园（含配套企业）
24		江苏如东经济开发区电镀园

序号	省、自治区、直辖市	园区名称
25	山东	泰安电镀园
26		烟台莱阳宏利电镀园
27		青岛丛林电镀工业园
28		青岛开发区电镀工业园
29		青岛平度秀水表面处理中心
30		青岛胶南电镀工业园
31		青岛即墨电镀园（青岛宏泰表面处理园）
32		青岛胶州电镀工业园
33		潍坊广德机械有限公司电镀中心
34		滨州电镀工业园
35	天津	山江电镀工业园
36		天津滨港电镀园区
37	河北	霸州青朗环保科技园
38		华融（安平）电镀集控园区
39		河北聚银企业管理服务有限公司
40		邯郸市永年县荣辉电镀工业园区
41	陕西	西安表面精饰工程园
42		西安鄠邑区沣京工业园表面精饰基地
43	福建	南安华源电镀集控区
44		厦门电镀集控区
45		晋江华懋电镀集控区
46		福州电镀工业园
47	安徽	合肥华清高科表面处理基地
48		舒城联科电镀工业园
49	广东	清远市龙湾电镀工业园
50		揭阳市表面处理生态工业园
51		东莞麻涌豪丰电镀基地
52		四会市龙甫镇电镀工业园
53		中山市小榄镇电镀城
54		天创（罗定）双东环保工业园
55		三角镇高平电镀工业园
56		惠州博罗县龙溪电镀基地
57		崖门新财富环保电镀基地
58		珠海富山工业区电镀工业园
59		佛山顺德华口电镀工业园

序号	省、自治区、直辖市	园区名称
60	重庆	重庆长寿电镀园区
61		重庆荣昌板桥工业园电镀集中加工区
62		重庆南川安平电镀集中加工区
63		重庆璧山工业园区电镀集中加工区
64		重庆大足县表面处理集中加工区
65		重庆合川电镀集控区
66		重庆重润表面工程科技园
67		重庆潼南巨科环保电镀工业园
68	广西	广西柳州汽车城电镀工业园（广西柳州鹿寨江口工业园）
69	上海	上海金都电子产业园
70	辽宁	大连表面精饰科技园
71	湖南	湖南常德表面处理产业园
72	湖北	十堰张湾区电镀产业区

广东省的电镀企业规模最大、数量最多。据不完全统计，仅广东、浙江和江苏三省电镀企业数量约占全国电镀企业总量的 64.5%。中国民用电镀企业主要分布在华南、华东和沿海地区及工业制造业比较发达的地区，广东、浙江、江苏、福建、山东、上海、天津、重庆等是中国电镀行业企业较多的省份。随着中国工业的发展，各行各业的产品更新换代速度加快，电镀与其他工艺过程同时也得到了发展，电镀企业量大面广。近年来，中国经济发展较快的地区和城市在整体规划时，确定一个或几个电镀企业集中园区，将过去零散的电镀企业集中到一个区域内，实行电镀生产的合理分工与协作，同时对产生的废水、废渣和废镀液进行统一收集、集中处理与处置，有利于管理管控，为实现清洁生产积累和创造了不少经验。

（3）我国电镀产业存在的主要问题

随着我国经济与科技的高速发展，世界制造业的重心已逐步向我国以及东南亚地区转移。与此同时，电镀行业以其独有的作用显得越发重要。由于其具有较强的装饰性与功能性，且通用性强、应用面广，电镀行业已成为我国制造业中不可或缺，并且不断发展的行业。就目前我国电镀行业发展现状而言，仍存在诸多问题需要我们在发展过程中逐步解决。

①地域分布广泛、行业覆盖面大、规模水平差异化显著

我国电镀企业在全国各地都有分布，几乎覆盖了所有省市，但主要集中在华东、华南等沿海地区和少数内地工业发达地区。就目前而言，除少数城市建有较为完善的电镀园区或电镀城外，多数没有完善的规划，电镀企业分布较为分散。其主要原因有两点：

一是电镀属于跨行业的加工行业，长期以来没有得到统一管理，电镀工业的发展缺少总体的、完整的规划；二是一些非电镀企业配套电镀车间的存在以及用户需求分散，导致电镀企业形成布点多、分散广的特点。

电镀行业属于配套加工性质的工业领域，与其他多种行业均有交叉。据统计，目前33.8%的电镀企业分布在装备制造工业，20.2%在轻工业，5%～10%在电子工业，其余主要分布在航空、航天及仪器仪表、五金卫浴等行业，行业覆盖范围较为广泛。

我国大部分电镀企业属于配套加工，除专业化电镀厂和一些电镀园区外，大多数散乱式分布电镀企业的规模普遍较小，年电镀生产能力有限，与其他行业相比电镀行业两极分化较为突出。

②电镀行业环境污染问题严重，环境治理对策存在弊端

电镀行业是当今世界三大污染工业之一（其余两种分别为电池行业及金属冶炼行业），由于电镀镀层种类较多，生产过程中需要用到多种重金属离子，为“三废”治理带来了巨大的挑战。其排放的废水、废气和污泥中含有大量的金属离子、酸性气体和其他有毒有害成分，如果处理不当，将会对生态环境造成严重污染。据统计，我国电镀行业每年产生大量的污染物，包括 4 亿 t 含重金属的废水、5 万 t 固体废物、3 000 亿 m^3 酸性废气。

近几年，在有关部门的督查下，许多散乱污小型电镀企业陆续被关停，为促进电镀行业整合、产业升级打下了良好基础。但是目前来看，仍有相当一部分中小企业散乱式分布，不利于集中管理，造成的环境影响难以控制。虽然国家以及地方出台了一系列电镀行业环境管理要求，如电镀行业清洁生产指标体系以及电镀园区准入条件等，但是诸多政策要求对于大部分中小型企业来说过于苛刻，综合考虑成本因素后企业入不敷出，也就丧失了环境治理的积极性，难免发生偷排漏排现象。

③环境监管能力不足

当前电镀行业重金属监测能力仍存在一定的缺陷。虽然部分地区已经初步建立重金属污染物排放自动在线监控系统，但总体来讲，系统覆盖范围较小，重金属污染预警应急体系亟须进一步完善。

整体而言，我国电镀工业普遍属于配套建设，企业数量多、点多面广、污染物产生量大。目前电镀行业已成为我国最大的污染源之一，作为主要的地表水系和电镀污染纳污水体的众多淡水河流已经不堪重负，但电镀污染治理的长效机制始终没有建立起来。

2 电镀行业清洁生产相关政策及技术标准规范

2.1 电镀行业相关产业政策

电镀行业相关产业政策文件见表 2-1。

表 2-1 国家关于电镀行业产业政策文件

序号	发文部门	文件名称	文件编号
1	国家发展和改革委员会	《产业结构调整指导目录（2019 年本）》	国家发展和改革委员会第 29 号令
2	工业和信息化部 水利部 全国节约用水办公室	《国家鼓励的工业节水工艺、技术和装备目录（第一批）》	工业和信息化部、水利部、全国节约用水办公室 2014 年第 9 号公告
3	环境保护部	《电镀建设项目重大变动清单（试行）》	环办环评〔2018〕6 号
4	生态环境部	《关于加强涉重金属行业污染防控的意见》	环土壤〔2018〕22 号

2.1.1 产业结构调整指导目录（2019 年本）

《产业结构调整指导目录（2019 年本）》分为鼓励类、限制类和淘汰类三大类。鼓励类主要是对经济社会发展有重要促进作用，有利于满足人民美好生活需求和推动高质量发展的技术、装备、产品、行业。限制类是指工艺技术落后，不符合行业准入条件和有关规定，禁止新建扩建和需要督促改造的生产能力、工艺技术、装备及产品。淘汰类主要是不符合有关法律法规规定，不具备安全生产条件，严重浪费资源、污染环境，需要淘汰的落后工艺、技术、装备及产品。其中涉及电镀、线路板行业的内容有：

（1）鼓励类

新型电子元器件（片式元器件、频率元器件、混合集成电路、电力电子器件、光电子器件、敏感元器件及传感器、新型机电元件、高密度印刷电路板和柔性电路板等）制造。

半导体、光电子器件、新型电子元器件（片式元器件、电力电子器件、光电子器件、敏感元器件及传感器、新型机电元件、高频微波印制电路板、高速通信电路板、柔性电路板、高性能覆铜板等）等电子产品用材料。

（2）淘汰类

含有毒有害氰化物电镀工艺（电镀金、银、铜基合金及预镀铜打底工艺除外）。

含氰沉锌工艺。

2.1.2 国家鼓励的工业节水工艺、技术和装备目录（第一批）

工业和信息化部、水利部、全国节约用水办公室于2014年发布《国家鼓励的工业节水工艺、技术和装备目录（第一批）》，提倡“有色重金属废水双膜法再生回用集成技术”以及“乳化液、电镀液过滤再生回用技术”两项电镀相关技术的应用。“有色重金属废水双膜法再生回用集成技术”采用“生物制剂—中和沉淀”处理工艺，集成斜板沉降、超滤和反渗透等技术处理回用有色金属废水，适用于有色金属冶炼和压延、化工、电镀等行业。“乳化液、电镀液过滤再生回用技术”采用微滤与回收技术用于高污染化学溶液的再生回用。主要工艺技术为在不改变溶液化学性质的前提下，使过滤净化后的化学溶液重新回用，反洗后的浓浆液二次压榨脱水，压榨后的净化液重新返回过滤后的化学溶液中回用，适用于金属表面处理行业。

2.1.3 电镀建设项目重大变动清单（试行）

迄今为止已发布了28个行业的建设项目重大变动清单。2018年，环境保护部发布制浆造纸、制药、农药、化肥（氮肥）、纺织印染、制革、制糖、电镀、钢铁、炼焦化学、平板玻璃、水泥、铜铅锌冶炼、铝冶炼建设项目重大变动清单。《电镀建设项目重大变动清单（试行）》适用于专业电镀建设项目环境影响评价管理，含专业电镀工序的建设项目参照执行。具体要求如下：

规模：主镀槽规格增大或数量增加导致电镀生产能力增大30%及以上。

建设地点：项目重新选址；在原厂址附近调整（包括总平面布置变化）导致防护距离内新增敏感点。

生产工艺：

①镀种类型变化，导致新增污染物或污染物排放量增加。

②主要生产工艺变化；主要原辅材料变化导致新增污染物或污染物排放量增加。

环境保护措施：

①废水、废气处理工艺变化，导致新增污染物或污染物排放量增加（废气无组织排放改为有组织排放除外）。

②排气筒高度降低10%及以上。

③新增废水排放口；废水排放去向由间接排放改为直接排放；直接排放口位置变化导致不利环境影响加重。

2.1.4 关于加强涉重金属行业污染防控的意见

“十二五”期间，我国制定并实施了《重金属污染综合防治“十二五”规划》，超额完成重点区域重点重金属污染物排放总量比2007年减少15%的目标。涉重金属突发环境事件数量大幅减少，基本遏制了重金属污染事件的高发态势。为进一步加强涉重金属行业污染防控，2018年4月生态环境部印发了《关于加强涉重金属行业污染防控的意见》（以下简称《意见》）。

《意见》中提到：到2020年，全国重点行业的重点重金属污染物排放量比2013年下降10%；集中解决一批威胁群众健康和农产品质量安全的突出重金属污染问题，进一步遏制“血铅事件”、粮食镉超标风险；建立企事业单位重金属污染物排放总量控制制度。重点行业包括重有色金属矿（含伴生矿）采选业（铜、铅锌、镍钴、锡、锑和汞矿采选业等）、重有色金属冶炼业（铜、铅锌、镍钴、锡、锑和汞冶炼等）、铅蓄电池制造业、皮革及其制品业（皮革鞣制加工等）、化学原料及化学制品制造业（电石法聚氯乙烯行业、铬盐行业等）、电镀行业。重点重金属污染物包括铅、汞、镉、铬和类金属砷。

此外，《意见》中还提出五项涉重金属行业污染防控的重点措施：一是组织开展涉重金属重点行业企业全面排查，建立全口径涉重金属重点行业企业清单；二是分解落实减排指标和措施，将重金属减排目标任务分解落实到有关涉重金属重点行业企业，明确相应的减排措施和工程，建立企事业单位重金属污染物排放总量控制制度；三是严格环境准入，新、改、扩建涉重金属重点行业建设项目必须有明确具体的重金属污染物排放总量来源，且遵循“减量置换”或“等量替换”的原则；四是开展重金属污染整治，推动涉重金属企业实现全面达标排放，切断重金属污染物进入农田的链条；五是严格执法，对以不正常运行防治污染设施等逃避监管的方式违法排放污染物的，依据环境保护相关法律法规给予行政处罚；对非法排放、倾倒、处置含铅、汞、镉、铬、砷等重金属污染物，涉嫌犯罪的，及时移送公安机关依法追究刑事责任。

2.2 电镀行业相关环境保护政策

2.2.1 国家相关环境保护政策

近年来，我国越来越重视生态环境的保护与治理工作，电镀行业作为一个污染严重且污染物成分较为复杂的行业，自然是国家以及地方各个生态环境主管部门重点关注的对象，电镀行业相关环境管理政策在众多法规和行动计划中均有提及。

表 2-2 我国电镀行业环境管理政策文件

序号	发文部门	文件名称	文件编号
1	国务院	《“十四五”节能减排综合工作方案》	国发〔2021〕33 号
2	国务院	《水污染防治行动计划》	国发〔2015〕17 号
3	国务院	《土壤污染防治行动计划》	国发〔2016〕31 号
4	环境保护部 国家发展和改革委员会 水利部	《重点流域水污染防治规划（2016—2020 年）》	环水体〔2017〕142 号
5	环境保护部 国家发展和改革委员会 水利部	《长江经济带生态环境保护规划》	环规财〔2017〕88 号
6	工业和信息化部	《“十四五”工业绿色发展规划》	工信部规〔2021〕178 号
7	环境保护部	《污染地块土壤环境管理办法（试行）》	环境保护部第 42 号令

（1）“十四五”节能减排综合工作方案

电镀行业在生产过程中消耗大量的能源、资源，并且随之产生大量污染物质，处理不当将会对企业周边环境构成潜在风险。为了降低全国万元国内生产总值能耗、控制能源消费总量以及污染物排放总量，国务院印发《“十四五”节能减排综合工作方案》（以下简称《方案》），为目标行业指明发展方向并提出相关发展要求。

《方案》提出，到2025年，全国单位国内生产总值能源消耗比2020年下降13.5%，能源消费总量得到合理控制，化学需氧量、氨氮、氮氧化物、挥发性有机物排放总量比2020年分别下降8%、8%、10%以上、10%以上。节能减排政策机制更加健全，重点行业能源利用效率和主要污染物排放控制水平基本达到国际先进水平，经济社会发展绿色转型取得显著成效。

《方案》提出，实施重点行业绿色升级工程。以钢铁、有色金属、建材、石化化工等行业为重点，推进节能改造和污染物深度治理。推广高效精馏系统、高温高压干熄焦、富氧强化熔炼等节能技术，鼓励将高炉—转炉长流程炼钢转型为电炉短流程炼钢。推进钢铁、水泥、焦化行业及燃煤锅炉超低排放改造，到2025年，完成5.3亿吨钢铁产能超低排放改造，大气污染防治重点区域燃煤锅炉全面实现超低排放。加强行业工艺革新，实施涂装类、化工类等产业集群分类治理，开展重点行业清洁生产和工业废水资源化利用改造。推进新型基础设施能效提升，加快绿色数据中心建设。"十四五"时期，规模以上工业单位增加值能耗下降13.5%，万元工业增加值用水量下降16%。到2025年，通过实施节能降碳行动，钢铁、电解铝、水泥、平板玻璃、炼油、乙烯、合成氨、电石等重点行业产能和数据中心达到能效标杆水平的比例超过30%。

《方案》提出，实施园区节能环保提升工程。引导工业企业向园区集聚，推动工业园区能源系统整体优化和污染综合整治，鼓励工业企业、园区优先利用可再生能源。以省级以上工业园区为重点，推进供热、供电、污水处理、中水回用等公共基础设施共建共享，对进水浓度异常的污水处理厂开展片区管网系统化整治，加强一般固体废物、危险废物集中贮存和处置，推动挥发性有机物、电镀废水及特征污染物集中治理等"绿岛"项目建设。到2025年，建成一批节能环保示范园区。

《方案》提出，实施重点区域污染物减排工程。持续推进大气污染防治重点区域秋冬季攻坚行动，加大重点行业结构调整和污染治理力度。以大气污染防治重点区域及珠三角地区、成渝地区等为重点，推进挥发性有机物和氮氧化物协同减排，加强细颗粒物和臭氧协同控制。持续打好长江保护修复攻坚战，扎实推进城镇污水垃圾处理和工业、农业面源、船舶、尾矿库等污染治理工程，到2025年，长江流域总体水质保持为优，干流水质稳定达到Ⅱ类。着力打好黄河生态保护治理攻坚战，实施深度节水控水行动，加强重要支流污染治理，开展入河排污口排查整治，到2025年，黄河干流上中游（花园口以上）水质达到Ⅱ类。

《方案》提出，实施煤炭清洁高效利用工程。要立足以煤为主的基本国情，坚持先立后破，严格合理控制煤炭消费增长，抓好煤炭清洁高效利用，推进存量煤电机组节煤降耗改造、供热改造、灵活性改造“三改联动”，持续推动煤电机组超低排放改造。稳妥有序推进大气污染防治重点区域燃料类煤气发生炉、燃煤热风炉、加热炉、热处理炉、干燥炉（窑）以及建材行业煤炭减量，实施清洁电力和天然气替代。推广大型燃煤电厂热电联产改造，充分挖掘供热潜力，推动淘汰供热管网覆盖范围内的燃煤锅炉和散煤。加大落后燃煤锅炉和燃煤小热电退出力度，推动以工业余热、电厂余热、清洁能源等替代煤炭供热（蒸汽）。到2025年，非化石能源占能源消费总量比重达到20%左右。“十四五”时期，京津冀及周边地区、长三角地区煤炭消费量分别下降10%、5%左右，汾渭平原煤炭消费量实现负增长。

《方案》提出，实施挥发性有机物综合整治工程。推进原辅材料和产品源头替代工程，实施全过程污染物治理。以工业涂装、包装印刷等行业为重点，推动使用低挥发性有机物含量的涂料、油墨、胶粘剂、清洗剂。深化石化化工等行业挥发性有机物污染治理，全面提升废气收集率、治理设施同步运行率和去除率。对易挥发有机液体储罐实施改造，对浮顶罐推广采用全接液浮盘和高效双重密封技术，对废水系统高浓度废气实施单独收集处理。加强油船和原油、成品油码头油气回收治理。到2025年，溶剂型工业涂料、油墨使用比例分别降低20个百分点、10个百分点，溶剂型胶粘剂使用量降低20%。

（2）水污染防治行动计划

为切实加大水污染防治力度，保障国家水安全，国务院于2015年印发《水污染防治行动计划》，共包括10条、35款、76项、238个具体措施。提出：到2030年，力争全国水环境质量总体改善，水生态系统功能初步恢复；到本世纪中叶，生态环境质量全面改善，生态系统实现良性循环。其中涉及电镀行业内容如下：

①狠抓工业污染防治。取缔“十小”企业。全面排查装备水平低、环保设施差的小型工业企业。2016年底前，按照水污染防治法律法规要求，全部取缔不符合国家产业政策的小型造纸、制革、印染、染料、炼焦、炼硫、炼砷、炼油、电镀、农药等严重污染水环境的生产项目。

②专项整治十大重点行业。制定造纸、焦化、氮肥、有色金属、印染、农副食品加工、原料药制造、制革、农药、电镀等行业专项治理方案，实施清洁化改造。新建、改

建、扩建上述行业建设项目实行主要污染物排放等量或减量置换。2017年底前，造纸行业力争完成纸浆无元素氯漂白改造或采取其他低污染制浆技术，钢铁企业焦炉完成干熄焦技术改造，氮肥行业尿素生产完成工艺冷凝液水解解析技术改造，印染行业实施低排水染整工艺改造，制药（抗生素、维生素）行业实施绿色酶法生产技术改造，制革行业实施铬减量化和封闭循环利用技术改造。

③提高用水效率。建立万元国内生产总值水耗指标等用水效率评估体系，把节水目标任务完成情况纳入地方政府政绩考核。将再生水、雨水和微咸水等非常规水源纳入水资源统一配置。到2020年，全国万元国内生产总值用水量、万元工业增加值用水量比2013年分别下降35%、30%以上。抓好工业节水。制定国家鼓励和淘汰的用水技术、工艺、产品和设备目录，完善高耗水行业取用水定额标准。开展节水诊断、水平衡测试、用水效率评估，严格用水定额管理。

（3）土壤污染防治行动计划

为切实加强土壤污染防治，逐步改善土壤环境质量，国务院于2016年印发《土壤污染防治行动计划》，共包括10条、35款、231项具体措施。提出：到2030年，全国土壤环境质量稳中向好，农用地和建设用地土壤环境安全得到有效保障，土壤环境风险得到全面管控；到本世纪中叶，土壤环境质量全面改善，生态系统实现良性循环。其中涉及电镀行业内容如下：

①全面强化监管执法。明确监管重点。重点监测土壤中镉、汞、砷、铅、铬等重金属和多环芳烃、石油烃等有机污染物，重点监管有色金属矿采选、有色金属冶炼、石油开采、石油加工、化工、焦化、电镀、制革等行业，以及产粮（油）大县、地级以上城市建成区等区域。

②防控企业污染。严格控制在优先保护类耕地集中区域新建有色金属冶炼、石油加工、化工、焦化、电镀、制革等行业企业，现有相关行业企业要采用新技术、新工艺，加快提标升级改造步伐。

③明确管理要求。建立调查评估制度。2016年年底前，发布建设用地土壤环境调查评估技术规定。自2017年起，对拟收回土地使用权的有色金属冶炼、石油加工、化工、焦化、电镀、制革等行业企业用地，以及用途拟变更为居住和商业、学校、医疗、养老机构等公共设施的上述企业用地，由土地使用权人负责开展土壤环境状况调查评估；已经收回的，由所在地市、县级人民政府负责开展调查评估。自2018年起，重度污染农用

地转为城镇建设用地的，由所在地市、县级人民政府负责组织开展调查评估。调查评估结果向所在地环境保护、城乡规划、国土资源部门备案。

④严控工矿污染。加强日常环境监管。各地要根据工矿企业分布和污染排放情况，确定土壤环境重点监管企业名单，实行动态更新，并向社会公布。列入名单的企业每年要自行对其用地进行土壤环境监测，结果向社会公开。有关环境保护部门要定期对重点监管企业和工业园区周边开展监测，数据及时上传全国土壤环境信息化管理平台，结果作为环境执法和风险预警的重要依据。适时修订国家鼓励的有毒有害原料（产品）替代品目录。加强电器电子、汽车等工业产品中有害物质控制。有色金属冶炼、石油加工、化工、焦化、电镀、制革等行业企业拆除生产设施设备、构筑物和污染治理设施，要事先制定残留污染物清理和安全处置方案，并报所在地县级环境保护、工业和信息化部门备案；要严格按照有关规定实施安全处理处置，防范拆除活动污染土壤。

（4）长江经济带生态环境保护规划

为切实保护和改善长江生态环境，环境保护部、国家发展和改革委员会、水利部于2017年发布《长江经济带生态环境保护规划》。该规划重点厘清了长江经济带发展与保护的关系，着重进行水资源、水生态、水环境的统筹保护和治理，通过五个方面指标体系对长江经济带提出治理保护要求，布局六个方面重点任务和工程，用改革创新的办法抓长江经济带生态保护，推动长江经济带建设成为水清地绿天蓝的绿色生态廊道。其中涉及电镀行业相关内容如下：

①加强土壤重金属污染源头控制。提高铅酸蓄电池等行业落后产能淘汰标准，逐步退出落后产能。到2020年，铜冶炼、铅锌冶炼、铅酸蓄电池制造等主要涉重金属行业重金属排放强度低于全国平均水平。加强有色金属冶炼、制革、铅酸蓄电池、电镀等行业重金属污染治理，推动电镀、制革等园区化发展，江苏、浙江、江西、湖北、湖南、云南等省份逐步将涉重金属行业的重金属排放纳入排污许可证管理。实施重要粮食生产区域周边的工矿企业重金属排放总量控制，达不到环保要求的，实施升级改造，或依法关闭、搬迁。加强长江经济带69个重金属污染重点防控区域治理，2017年年底前，重点区域制定并组织实施“十三五”重金属污染防治规划。继续推进湘江流域重金属污染治理。制定实施锰三角重金属污染综合整治方案。

②严控建设用地开发利用环境风险。完成重点行业企业用地土壤污染状况排查，掌握污染地块分布及其环境风险情况。建立调查评估制度，自2017 年起，对拟收回的有色

金属冶炼、石油加工、化工、焦化、电镀、制革等行业企业用地，以及上述企业用地拟改变用途为居住、商业和学校等公共设施用地的，开展土壤环境状况调查评估。以上海、重庆、南京、常州、南通等为重点，依据建设用地土壤环境调查评估结果，率先建立污染地块名录及其开发利用的负面清单，合理确定土地用途。土地开发利用必须符合规划用地土壤环境质量要求，达不到质量要求的污染地块，要实施土壤污染治理与修复，暂不开发利用或现阶段不具备治理修复条件的污染地块，由地方政府组织划定管控区域，采取监管措施。针对典型污染地块，实施土壤污染治理与修复试点。开展污染地块绿色可持续修复示范，严格防止二次污染。

（5）“十四五”工业绿色发展规划

主要目标：到 2025 年，工业产业结构、生产方式绿色低碳转型取得显著成效，绿色低碳技术装备广泛应用，能源资源利用效率大幅提高，绿色制造水平全面提升，为 2030 年工业领域碳达峰奠定坚实基础。碳排放强度持续下降。单位工业增加值二氧化碳排放降低 18%，钢铁、有色金属、建材等重点行业碳排放总量控制取得阶段性成果。污染物排放强度显著下降。有害物质源头管控能力持续加强，清洁生产水平显著提高，重点行业主要污染物排放强度降低 10%。能源效率稳步提升。规模以上工业单位增加值能耗降低 13.5%，粗钢、水泥、乙烯等重点工业产品单耗达到世界先进水平。资源利用水平明显提高。重点行业资源产出率持续提升，大宗工业固废综合利用率达到 57%，主要再生资源回收利用量达到 4.8 亿吨。单位工业增加值用水量降低 16%。绿色制造体系日趋完善。重点行业和重点区域绿色制造体系基本建成，完善工业绿色低碳标准体系，推广万种绿色产品，绿色环保产业产值达到 11 万亿元。布局建设一批标准、技术公共服务平台。

推进产业结构高端化转型。加快推进产业结构调整，坚决遏制“两高”项目盲目发展，依法依规推动落后产能退出，发展战略性新兴产业、高技术产业，持续优化重点区域、流域产业布局，全面推进产业绿色低碳转型。

推动生产过程清洁化转型。强化源头减量、过程控制和末端高效治理相结合的系统减污理念，大力推行绿色设计，引领增量企业高起点打造更清洁的生产方式，推动存量企业持续实施清洁生产技术改造，引导企业主动提升清洁生产水平。

引导产品供给绿色化转型。增加绿色低碳产品、绿色环保装备供给，引导绿色消费，创造新需求，培育新模式，构建绿色增长新引擎，为经济社会各领域绿色低碳转型提供坚实保障。

（6）重点流域水生态环境保护规划

为深入贯彻落实党的二十大精神，落实《中华人民共和国水污染防治法》《中华人民共和国长江保护法》《中华人民共和国黄河保护法》等有关要求，2023 年 4 月，生态环境部联合国家发展和改革委员会、财政部、水利部、国家林业和草原局等部门印发了《重点流域水生态环境保护规划》（以下简称《规划》）。

《规划》提出到 2025 年，主要水污染物排放总量持续减少，水生态环境持续改善，在面源污染防治、水生态恢复等方面取得突破，水生态环境保护体系更加完善，水资源、水环境、水生态等要素系统治理、统筹推进格局基本形成。展望 2035 年，水生态环境根本好转，生态系统实现良性循环，美丽中国水生态环境目标基本实现。

《规划》分为四个部分，共包括十二章。第一至三章为第一部分，主要是概述水生态环境保护主要进展、存在问题和战略机遇，明确规划的指导思想、工作原则和主要目标，明确构建水生态环境保护新格局等具体要求。第四至六章为第二部分，主要是明确长江、黄河等七大流域和三大片区的水生态环境保护总体布局，通过重要水体落实落细保护要点。第七至十一章为第三部分，从为人民群众提供良好生态产品、巩固深化水环境治理、积极推动水生态保护、着力保障河湖基本生态用水、有效防范水环境风险等五个方面明确规划的重点任务。第十二章为第四部分，主要是从组织实施、法规标准、市场作用、科技支撑、监督管理、全民行动等六个方面明确规划实施保障措施。

《规划》指出，要持续推进长江流域共抓大保护。推进以长江三峡水库为核心的长江上中游水库群联合生态调度，保障下泄流量，加强沿江重点城市水环境治理，优化沿江产业布局，强化工业园区管理，强化港口码头及航运污染风险管控。

在长江流域，加强水生生物调查与珍稀物种保护，保护长江水生生物遗传多样性，实施中华鲟、长江鲟、长江江豚等珍稀濒危水生生物抢救性保护行动，抓好“十年禁渔”，结合长江流域生态保护红线划定，在水生生物重要栖息地和关键生境建立自然保护地，加强珍稀濒危及特有鱼类资源产卵场、索饵场、越冬场和洄游通道等重要生境的保护。

在黄河流域，要构建主要河湖生态流量指标体系，加强已确定生态流量目标的黄河干流及大通河、渭河等主要支流生态流量管理，建设生态流量监管和生态效果跟踪评估系统，开展生态流量监测预警，实施生态流量适应性动态管理。推进宁东、鄂尔多斯、榆林等重点地区煤矿矿井水综合利用。

为确保《规划》各项任务措施落地见效，生态环境部会同有关部门组织制定了《规划》重点任务措施清单，指导督促各地抓好落实。同时，将《规划》实施情况纳入全国水生态环境形势分析，通过分析预警、调度通报、独立调查、跟踪督办相结合的方式，压实相关方面主体责任，推动水生态环境质量持续改善。

（7）污染地块土壤环境管理办法（试行）

《污染地块土壤环境管理办法（试行）》（以下简称《办法》）由环境保护部于2016年审议通过并发布，主要规定了以下制度：地块土壤环境调查与风险评估制度、污染地块风险管控制度，以及污染地块治理与修复制度。其中涉及电镀工业内容如下。

《办法》所称疑似污染地块，是指从事过有色金属冶炼、石油加工、化工、焦化、电镀、制革等行业生产经营活动，以及从事过危险废物贮存、利用、处置活动的用地。按照国家技术规范确认超过有关土壤环境标准的疑似污染地块，称为污染地块。《办法》所称疑似污染地块和污染地块相关活动，是指对疑似污染地块开展的土壤环境初步调查活动，以及对污染地块开展的土壤环境详细调查、风险评估、风险管控、治理与修复及其效果评估等活动。

《办法》指出，应按照“谁污染，谁治理”原则，造成地块土壤污染的单位或者个人应当承担治理与修复的主体责任。责任主体发生变更的，由变更后继承其债权、债务的单位或者个人承担相关责任。责任主体灭失或者责任主体不明确的，由所在地县级人民政府依法承担相关责任。土地使用权依法转让的，由土地使用权受让人或者双方约定的责任人承担相关责任。土地使用权终止的，由原土地使用权人对其使用该地块期间所造成的土壤污染承担相关责任。土壤污染治理与修复实行终身责任制。

污染地块土地使用权人应当根据风险评估结果，并结合污染地块相关开发利用计划，有针对性地实施风险管控。对暂不开发利用的污染地块，实施以防止污染扩散为目的的风险管控。对拟开发利用为居住用地和商业、学校、医疗、养老机构等公共设施用地的污染地块，实施以安全利用为目的的风险管控。污染地块土地使用权人应当按照国家有关环境标准和技术规范，编制风险管控方案，及时上传污染地块信息系统，同时抄送所在地县级人民政府，并将方案主要内容通过其网站等便于公众知晓的方式向社会公开。风险管控方案应当包括管控区域、目标、主要措施、环境监测计划以及应急措施等内容。对暂不开发利用的污染地块，由所在地县级环境保护主管部门配合有关部门提出划定管控区域的建议，报同级人民政府批准后设立标识、发布公告，并组织开展土壤、地表水、地下水、空气环境监测。

对拟开发利用为居住用地和商业、学校、医疗、养老机构等公共设施用地的污染地块，经风险评估确认需要治理与修复的，土地使用权人应当开展治理与修复。对需要开展治理与修复的污染地块，土地使用权人应当根据土壤环境详细调查报告、风险评估报告等，按照国家有关环境标准和技术规范，编制污染地块治理与修复工程方案，并及时上传污染地块信息系统。土地使用权人应当在工程实施期间，将治理与修复工程方案的主要内容通过其网站等便于公众知晓的方式向社会公开。工程方案应当包括治理与修复范围和目标、技术路线和工艺参数、二次污染防范措施等内容。

污染地块治理与修复期间，土地使用权人或者其委托的专业机构应当采取措施，防止对地块及其周边环境造成二次污染；治理与修复过程中产生的废水、废气和固体废物，应当按照国家有关规定进行处理或者处置，并达到国家或者地方规定的环境标准和要求。

治理与修复工程完工后，土地使用权人应当委托第三方机构按照国家有关环境标准和技术规范，开展治理与修复效果评估，编制治理与修复效果评估报告，及时上传污染地块信息系统，并通过其网站等便于公众知晓的方式公开，公开时间不得少于两个月。治理与修复效果评估报告应当包括治理与修复工程概况、环境保护措施落实情况、治理与修复效果监测结果、评估结论及后续监测建议等内容。

2.2.2 地方相关环境保护政策

在国家相关环境保护政策的要求下，各地方政府也参照出台了众多适用于地方的电镀行业环保政策。

表 2-3 地方关于电镀行业环境管理文件

序号	地方	文件名称	文件编号
1	广东	《广东省生态环境保护“十四五”规划》	粤环〔2021〕10 号
2		《广东省重金属污染综合防治“十三五”规划》	粤环发〔2017〕2 号
3		《广东省水污染防治行动计划实施方案》	粤府〔2015〕131 号
4		《韩江流域水质保护规划（2017—2025 年）》	粤环发〔2017〕4 号
5		《广东省电镀、印染等重污染行业统一规划统一定点实施意见（试行）》	粤环〔2008〕88 号
6		《广东省实施差别化环保准入促进区域协调发展的指导意见》	粤环〔2014〕27 号
7		《珠海市实施差别化环保准入指导意见》	珠环〔2017〕28 号

序号	地方	文件名称	文件编号
8	福建	《福建省水污染防治行动计划工作方案》	闽政〔2015〕26 号
9	河北	《河北省固体废物污染环境防治条例》	—
10		《河北省水污染防治工作方案》	冀发〔2015〕28 号
11	河南	《河南省"十三五"节能减排综合工作方案》	豫政办〔2017〕81 号
12		《河南省碧水工程行动计划（水污染防治工作方案）》	豫政〔2015〕86 号
13	广西	《广西西江经济带水环境保护规划（2016—2030）》	桂环函〔2017〕803 号
14		《广西壮族自治区重金属污染防治"十三五"规划》	桂环发〔2017〕3 号
15		《广西土壤污染防治工作方案》	桂政办发〔2016〕167 号
16	山东	《山东省"十四五"生态环境保护规划》	鲁政发〔2021〕12 号
17		《关于进一步加强集中式饮用水水源地规范化建设和管理的通知》	鲁环办函〔2016〕92 号
18		《山东省落实〈水污染防治行动计划〉实施方案》	鲁政发〔2015〕31 号
19		《山东省南水北调沿线水污染物综合排放标准》	DB 37/599－2006
20		《山东省土壤环境保护和综合治理工作方案》	鲁环发〔2014〕126 号
21	四川	《关于继续推进环境污染责任保险试点工作的通知》	川环函〔2015〕1137 号
22		《〈水污染防治行动计划〉四川省工作方案》	川府发〔2015〕59 号
23		《〈土壤污染防治行动计划〉四川省工作方案》	川府发〔2016〕63 号
24	浙江	《浙江省生态环境保护"十四五"规划》	浙发改规划〔2021〕204 号
25		《浙江省水生态环境保护"十四五"规划》	浙发改规划〔2021〕210 号
26		《〈长江经济带生态环境保护规划〉浙江省实施方案》	—
27		《关于进一步加强钱塘江流域涉水类重点污染源环境监管工作的意见》	浙环函〔2014〕337 号
28		《浙江省电镀行业污染整治方案》	浙环发〔2011〕67 号
29	江西	《江西省水污染防治工作方案》	赣府发〔2015〕62 号
30	重庆	《重庆市电镀行业整顿工作实施方案》	渝办发〔2006〕126 号

2.3 电镀行业排放标准及技术规范

由于电镀行业所产生的污染越来越受到重视，国家和部分地方相继出台了许多相关的标准及技术规范。

2.3.1 电镀行业相关排放标准

表 2-4 我国电镀行业相关国家排放标准

序号	涉及排放污染物	发文部门	标准名称	标准编号
1	废水、废气	环境保护部	《电镀污染物排放标准》	（GB 21900—2008）

在《电镀污染物排放标准》（GB 21900—2008）中规定了电镀企业和拥有电镀设施的企业的电镀水污染物和大气污染物的排放限值等内容，适用于现有电镀企业的水污染物排放管理和大气污染物排放管理、对电镀企业建设项目的环境影响评价、环境保护设施设计、竣工环境保护验收及其投产后的水、大气污染物排放管理以及阳极氧化表面处理工艺设施。企业向设置污水处理厂的城镇排水系统排放废水时，有毒污染物总铬、六价铬、总镍、总镉、总银、总铅、总汞在本标准规定的监控位置执行相应的排放限值；其他污染物的排放控制要求由企业与城镇污水处理厂根据其污水处理能力商定或执行相关标准，并报当地环境保护主管部门备案；城镇污水处理厂应保证排放污染物达到相关排放标准要求。建设项目拟向设置污水处理厂的城镇排水系统排放废水时，由建设单位和城镇污水处理厂按相关规定执行。现有及新建电镀企业水污染物排放执行表 2-5 中标准。

表 2-5 现有及新建企业水污染物排放限值

序号	污染物项目	排放限值		污染物排放监控位置
		现有企业	新建企业	
1	总　铬/（mg/L）	1.5	1.0	车间或生产设施废水排放口
2	六价铬/（mg/L）	0.5	0.2	车间或生产设施废水排放口
3	总　镍/（mg/L）	1.0	0.5	车间或生产设施废水排放口
4	总　镉/（mg/L）	0.1	0.05	车间或生产设施废水排放口
5	总　银/（mg/L）	0.5	0.3	车间或生产设施废水排放口
6	总　铅/（mg/L）	1.0	0.2	车间或生产设施废水排放口
7	总　汞/（mg/L）	0.05	0.01	车间或生产设施废水排放口
8	总　铜/（mg/L）	1.0	0.5	企业废水总排放口
9	总　锌/（mg/L）	2.0	1.5	企业废水总排放口
10	总　铁/（mg/L）	5.0	3.0	企业废水总排放口
11	总　铝/（mg/L）	5.0	3.0	企业废水总排放口
12	pH	6～9	6～9	企业废水总排放口
13	悬浮物/（mg/L）	70	50	企业废水总排放口
14	化学需氧量（COD_{Cr}）/（mg/L）	100	80	企业废水总排放口
15	氨　氮/（mg/L）	25	15	企业废水总排放口
16	总　氮/（mg/L）	30	20	企业废水总排放口
17	总　磷/（mg/L）	1.5	1.0	企业废水总排放口
18	石油类/（mg/L）	5.0	3.0	企业废水总排放口
19	氟化物/（mg/L）	10	10	企业废水总排放口
20	总氰化物（以 CN^- 计，mg/L）	0.5	0.3	企业废水总排放口

摘自《电镀污染物排放标准》（GB 21900—2008）。

根据环境保护工作的要求，在国土开发密度较高、环境承载能力开始减弱，或水环境容量较小、生态环境脆弱，容易发生严重水环境污染问题而需要采取特别保护措施的地区，应严格控制设施的污染物排放行为，在上述地区的企业执行表 2-6 规定的水污染物特别排放限值。执行水污染物特别排放限值的地域范围、时间，由国务院环境保护行政主管部门或省级人民政府规定。

表 2-6 水污染物特别排放限值

序号	污染物项目	排放限值	污染物排放监控位置
1	总　铬/（mg/L）	0.5	车间或生产设施废水排放口
2	六价铬/（mg/L）	0.1	车间或生产设施废水排放口
3	总　镍/（mg/L）	0.1	车间或生产设施废水排放口
4	总　镉/（mg/L）	0.01	车间或生产设施废水排放口
5	总　银/（mg/L）	0.1	车间或生产设施废水排放口
6	总　铅/（mg/L）	0.1	车间或生产设施废水排放口
7	总　汞/（mg/L）	0.005	车间或生产设施废水排放口
8	总　铜/（mg/L）	0.3	企业废水总排放口
9	总　锌/（mg/L）	1.0	企业废水总排放口
10	总　铁/（mg/L）	2.0	企业废水总排放口
11	总　铝/（mg/L）	2.0	企业废水总排放口
12	pH	6～9	企业废水总排放口
13	悬浮物/（mg/L）	30	企业废水总排放口
14	化学需氧量（COD_{Cr}）/（mg/L）	50	企业废水总排放口
15	氨　氮/（mg/L）	8	企业废水总排放口
16	总　氮/（mg/L）	15	企业废水总排放口
17	总　磷/（mg/L）	0.5	企业废水总排放口
18	石油类/（mg/L）	2.0	企业废水总排放口
19	氟化物/（mg/L）	10	企业废水总排放口
20	总氰化物/（以 CN^- 计，mg/L）	0.2	企业废水总排放口

摘自《电镀污染物排放标准》（GB 21900—2008）。

电镀企业现有设施自 2010 年 7 月 1 日起，大气污染物排放按表 2-7 中标准执行；新建电镀企业自 2008 年 8 月 1 日起，大气污染物排放按表 2-7 中标准执行。单位产品基准排气量按表 2-8 的规定执行。

表 2-7 大气污染物排放限值

序号	污染物项目	排放限值/（mg/m^3）	污染物排放监控位置
1	氯化氢	30	车间或生产设施排气筒
2	铬酸雾	0.05	车间或生产设施排气筒
3	硫酸雾	30	车间或生产设施排气筒
4	氮氧化物	200	车间或生产设施排气筒
5	氰化氢	0.5	车间或生产设施排气筒
6	氟化物	7	车间或生产设施排气筒

摘自《电镀污染物排放标准》（GB 21900—2008）。

表 2-8 单位产品基准排气量

序号	工艺种类	基准排气量/（m^3/m^2 镀件镀层）	排气量计量位置
1	镀锌	18.6	车间或生产设施排气筒
2	镀铬	74.4	车间或生产设施排气筒
3	其他镀种（镀铜、镍等）	37.3	车间或生产设施排气筒
4	阳极氧化	18.6	车间或生产设施排气筒
5	发蓝	55.8	车间或生产设施排气筒

摘自《电镀污染物排放标准》（GB 21900—2008）。

2.3.2 电镀行业相关技术规范

（1）电镀污染防治可行技术指南

《电镀污染防治可行技术指南》（HJ 1306—2023）提出了电镀废水、废气、固体废物和噪声污染防治可行技术。

污染预防技术包括无毒或低毒材料替代工艺、电镀清洗水减量化技术、固体废物减量化技术。常用无毒低毒工艺或镀层见表 2-9。

表 2-9 常用无毒低毒工艺或镀层

项目	常用无毒低毒工艺或镀层
无氰/低氰电镀	无氰镀铜：酸性镀铜、焦磷酸盐镀铜、碱性无氰镀铜、其他无氰镀铜 无氰镀银：硫代硫酸盐镀银、无氰镀银钛、无氰镀银锡、其他无氰镀银 无氰镀金：碱性亚硫酸盐镀金和金合金 低氰镀金：柠檬酸盐镀金和金合金

项目	常用无毒低毒工艺或镀层
替代镀层	代镉镀层：锌镍合金、锡锌合金、锌钴合金镀层等 代铅镀层：锡铈合金、锡铋合金、锡银合金、锡铜合金、锡锌合金、锡铟合金镀层等 装饰性代铬镀层：锡镍合金、锡钴合金、三元合金（锡钴锌、锡钴铟、锡钴铬等）镀层等 代硬铬镀层：镍钨合金、镍磷合金、镍钼合金、镍钨磷三元合金、镍钨硼三元合金、合金复合镀层、纳米合金电镀替代镀铬、化学镀镍磷合金等 代修复性镀铬：镀铁等
三价铬电镀及处理工艺	装饰性镀铬：三价铬镀铬取代六价铬镀铬等 镀锌层：三价铬蓝白色钝化、三价铬彩色钝化、三价铬黑色钝化等 铝合金转化膜：三价铬钝化膜取代六价铬钝化膜等
阳极氧化封闭工艺	无镍无铬封闭部分取代镍盐封闭、铬酸盐封闭
铬雾抑制剂	非全氟辛基磺酸及其盐类（PFOS）铬雾抑制剂取代 PFOS 类铬雾抑制剂

电镀清洗水减量化技术包括连续逆流清洗、间歇逆流清洗、喷射水洗（逆流清洗组合）、逆流清洗—离子交换、逆流清洗—反渗透膜分离、逆流清洗—电解回收。①连续逆流清洗适用于挂镀、滚镀生产工艺，不适用于钢卷及体积大于清洗槽的大型镀件电镀。单位面积用水量小于 50 L/m^2，连续三级逆流清洗可节水 65%以上。②间歇逆流清洗也称清洗废水全翻槽技术，适用于间歇、小批量生产的生产线。单位面积用水量小于 30 L/m^2，与同样级数的多级逆流清洗技术相比，节水约 40%。③喷射水洗技术分为喷淋水洗和喷雾水洗，适用于自动或半自动品种单一、批量较大的电镀生产线，但对于复杂工件的水洗效果较差。工件可集中到 2～3 处进行冲洗，由于喷嘴可调到任意需要的角度，清洗效率提高，单位面积用水量小于 10 L/m^2，清洗水经收集和针对性处理后循环利用。④逆流清洗—离子交换适用于镀镍及其他贵重金属工艺，不适用于氧化性强、有机物含量高以及含氰电镀工艺。在逆流清洗基础上，用离子交换树脂（纤维）将第一级清洗槽（靠近主镀槽）清洗废水分离处理，处理后的清水可用于清洗槽或主镀槽。回收镀液带出的贵重金属 70%～90%，节水 80%以上。⑤逆流清洗—反渗透膜分离适用于电镀镍及其他贵重金属工艺。在逆流清洗基础上，用反渗透膜系统将第一级清洗槽清洗废水进行过滤分离，浓缩液可部分返回镀槽，淡水用于末级清洗槽循环使用。该技术可减少镀液带出量 80%～90%，节水 80%以上。⑥逆流清洗—电解回收适用于酸性镀铜、氰化镀铜、氰化镀银等工艺。将回收槽中的溶液引入电解槽，在直流电场的作用下，发生电解作用将回收的金属离子凝聚于阴极。铜、银回收率均大于 90%。

采用固体废物减量化技术减少固体废物的产生：①除油工艺设置超声波除油、油水分离器或过滤装置，去除槽液中的油和杂质以延长除油槽液寿命，减少除油废槽液产生量；②通过蒸发浓缩，减少废槽液产生量；③采用机械压滤或烘干等方式对电镀污泥进行脱水，减少电镀污泥产生量；④钕铁硼硝酸洗废液通过精密过滤器、微滤或超滤、反渗透等回收废硝酸以实现总氮的减排，反渗透浓水通过萃取剂提取稀土元素实现资源回收利用。

含氰废水污染防治可行技术见表 2-10。

表 2-10　含氰废水污染防治可行技术

可行技术	污染预防技术	污染治理技术	污染治理技术污染物排放浓度水平/（mg/L）	适用条件
可行技术 1	无氰电镀	—	—	电镀金、银、铜基合金及预镀铜打底工艺除外
可行技术 2	—	碱性氯化处理技术	总氰化物＜0.2	无机氰化物或氰合金属基配合物（铁氰配合物除外）
可行技术 3		过氧化氢氧化处理技术		
可行技术 4		臭氧氧化处理技术		
可行技术 5		电解处理技术		

含金属废水污染防治可行技术见表 2-11。

表 2-11　含金属废水污染防治可行技术

可行技术	污染预防技术	污染治理技术	污染物排放浓度水平/（mg/L）	适用条件	
可行技术 1	逆流清洗	化学还原处理技术	六价铬＜0.1 总铬＜0.5	含六价铬废水	特别排放
可行技术 2		电解处理技术		进水六价铬＜100 mg/L	
可行技术 3		内电解处理技术		进水六价铬＜100 mg/L	
可行技术 4		离子交换处理技术		进水六价铬＜200 mg/L（镀黑铬和含氟化物镀铬的废水除外）	
可行技术 5	逆流清洗	①（类）芬顿/臭氧氧化+②化学沉淀处理技术	总镍＜0.5	锌镍合金、化学镍等含镍配位化合物废水	直接排放

可行技术	污染预防技术	污染治理技术	污染物排放浓度水平/（mg/L）	适用条件	
可行技术 6	①逆流清洗＋②反渗透/离子交换	化学沉淀处理技术	总镍＜0.1	含镍废水（离子态）	特别排放
可行技术 7		离子交换处理技术		进水总镍＜200 mg/L 的含镍废水（离子态）	
可行技术 8	逆流清洗	①（类）芬顿/臭氧氧化+②化学沉淀+③离子交换处理技术		锌镍合金、化学镍等含镍配位化合物废水	
可行技术 9		①（类）芬顿/臭氧氧化+②化学沉淀+③反渗透处理技术			
可行技术 10	逆流清洗	硫化物化学沉淀处理技术	总镍＜0.01	酸性硫酸盐镀镉废水	特别排放
可行技术 11		离子交换处理技术		进水总镉＜100 mg/L	
可行技术 12	①逆流清洗+②反渗透+③电解回收	化学沉淀处理技术	总银＜0.1	含银废水	特别排放
可行技术 13	逆流清洗	化学沉淀处理技术	总铅＜0.1	含铅废水	特别排放
可行技术 14	①逆流清洗+②反渗透/离子交换/电解回收	①（类）芬顿/臭氧氧化+②化学沉淀处理技术	总铜＜0.5	化学镀铜等含铜配位化合物废水	直接排放
可行技术 15		①碱性氯化/过氧化氢氧化/臭氧氧化+②化学沉淀处理技术	总铜＜0.3	氰化镀铜废水	特别排放
可行技术 16		金属共沉淀处理技术		焦铜废水	
可行技术 17		化学沉淀处理技术		酸性镀铜废水	
可行技术 18		离子交换处理技术		氰化镀铜废水、焦铜废水、酸性镀铜废水	
可行技术 19	①逆流清洗＋②反渗透/离子交换	①（类）芬顿/臭氧氧化+②化学沉淀+③离子交换处理技术	总铜＜0.3	化学镀铜等含铜配位化合物废水	特别排放
可行技术 20		①（类）芬顿/臭氧氧化+②化学沉淀+③反渗透处理技术			
可行技术 21		①（类）芬顿/臭氧氧化+②化学沉淀+③重金属捕捉剂处理技术			
可行技术 22	逆流清洗	化学沉淀处理技术	总锌＜1.0	含锌废水	特别排放

（2）电镀废水治理工程技术规范

《电镀废水治理工程技术规范》（HJ 2002—2010）规定了电镀废水治理工程设计、施工、验收和运行的技术要求，该标准适用于电镀废水治理工程的技术方案选择、工程设计、施工、验收、运行等的全过程管理和已建电镀废水治理工程的运行管理，可作为环境影响评价、环境保护设施设计与施工、建设项目竣工环境保护验收及建成后运行与管理的技术依据。

电镀废水一般按废水所含污染物类型或重金属离子的种类分类，如酸碱废水、含氰废水、含铬废水、含重金属废水等。当废水中含有一种以上污染物时（如氰化镀镉，既有氰化物又有镉），一般仍按其中一种污染物分类；当同一镀种有几种工艺方法时，也可按不同工艺再分成小类，如焦磷酸镀铜废水、硫酸铜镀铜废水等。将不同镀种和不同污染物混合在一起的废水统称为电镀混合废水。

《电镀废水治理工程技术规范》中提到，电镀企业应推行清洁生产，提高清洗效率，减少废水产生量，有条件的企业其废水处理后应回用。新建电镀企业（或生产线），其废水处理工程应严格按照“三同时”相关要求建设，电镀废水治理工程的建设规模应根据废水设计水量确定；工艺配置应与企业生产系统相协调；分期建设的应满足企业总体规划的要求。电镀废水应分类收集、分质处理，其中规定在车间或生产设施排放口监控的污染物，应在车间或生产设施排放口收集和处理；规定在总排放口监控的污染物，应在废水总排放口收集和处理。含氰废水和含铬废水应单独收集与处理。电镀溶液过滤后产生的滤渣和报废的电镀溶液不得进入废水收集和处理设施。电镀废水治理工程在建设和运行中，应采取消防、防噪、抗震等措施。处理设施、构（建）筑物等应根据其接触介质的性质，采取防腐、防漏、防渗等措施。废水总排放口应安装在线监测系统，并符合 HJ/T 353、HJ/T 355 和 HJ/T 212 的要求。电镀污泥属于危险废物，应按规定送交有资质的单位回收处理或处置。电镀污泥在企业内的临时贮存应符合 GB 18597 的规定。电镀废水处理站应设置应急事故水池，应急事故水池的容积应能容纳 12～24 h 的废水量。电镀废水处理工程建设项目，除应遵循本规范和环境影响评价审批文件要求外，还应符合国家基本建设程序以及国家有关标准、规范和规划的规定。

电镀废水治理工程项目应包括：废水处理构（建）筑物与设备，辅助工程和配套设施等。废水处理构（建）筑物与设备应包括以下环节：废水收集、调节、提升、预处理、处理、回用与排放、污泥浓缩与脱水、药剂配制、自动检测控制等。辅助工程包括：厂

（站）区道路、围墙、绿地工程；独立的供电工程和供排水工程、供压缩空气工程；专用的化验室、控制室、仓库、维修车间、污泥临时堆放场所等。配套设施包括：办公室、休息室、浴室、卫生间等。废水处理站应按照国家和地方的有关规定设置规范排污口。

（3）《排污许可证申请与核发技术规范 电镀工业》（HJ 855—2017）

该规范规定了电镀工业排污单位以及专门处理电镀废水的集中式污水处理厂排污许可证申请与核发的基本情况填报要求、许可排放限值确定、实际排放量核算、合规判定的方法以及自行监测、环境管理台账及排污许可证执行报告等环境管理要求，提出了电镀工业污染防治可行技术要求。电镀工业排污单位的排放监测点位和要求见表 2-12 至表 2-16。

表 2-12 电镀工业排污单位有组织废气排放监测点位、监测指标及最低监测频次

监测点位	监测指标	监测频次
酸碱废气排气筒	氯化氢、氮氧化物、硫酸雾、氟化物	1 次/半年
铬酸雾废气排气筒	铬酸雾	1 次/半年
含氰废气排气筒	氰化氢	1 次/半年
粉尘废气排气筒	颗粒物	1 次/半年

注：1. 根据实际生产情况等，确定具体的监测指标。
2. 排气筒废气监测要同步监测烟气参数。
3. 监测结果超标的，应增加相应指标的监测频次。

表 2-13 电镀工业排污单位无组织废气排放监测点位、监测指标及最低监测频次

排污单位	监测点位	监测指标	监测频次
电镀工业排污单位	厂界	氯化氢、铬酸雾、硫酸雾、氰化氢、氟化物	1 次/年

注：1. 根据有组织废气排放情况，确定具体的监测指标。
2. 监测结果超标的，应增加相应指标的监测频次。
3. 若周边有敏感点，应适当增加监测频次。

表 2-14 专门处理电镀废水的集中式污水处理厂无组织废气排放监测点位、监测指标及最低监测频次

排污单位	监测点位	监测指标	监测频次
专门处理电镀废水的集中式污水处理厂	集中式污水处理厂无组织监测点	臭气浓度	1 次/年

表 2-15 电镀工业排污单位废水排放口监测指标及最低监测频次

监测点位	监测指标	监测频次	备注
车间或生产设施排放口	流量	自动监测	
	总铬、六价铬、总镍、总镉、总银、总铅、总汞	1次/日[a]	
废水总排放口	流量	自动监测	
	pH、化学需氧量、总氰化物、总铜、总锌	1次/日[a]	
	总磷、总氮	1次/月（日）	水环境质量中总氮（无机氮）/总磷（活性磷酸盐）超标的流域或沿海地区，或总氮、总磷实施重点控制区域，总氮和总磷最低监测频次按日执行
	总铁、总铝、氨氮、氟化物、悬浮物、石油类	1次/月	

注：1. 根据原辅料使用情况等实际生产情况，确定具体的特征污染物监测指标。

2. 有电镀工序的企业的废水总排放口监测指标及最低监测频次按相关行业排污许可证申请与核发技术规范执行。

3. 车间或生产设施排放口指：含第一类污染物废水分质处理的特定处理单元出水口（分质处理的含第一类污染物的废水与其他废水混合前）。

4. 雨水排放口在排放期间每日至少测一次pH，如果pH超标，应尽快分析原因，并监测本表中相应重金属污染因子。

[a] 设区的市级及以上环保主管部门明确要求安装自动监测设备的污染物指标，应采取自动监测。

表 2-16 专门处理电镀废水的集中式污水处理厂废水外排口监测指标及最低监测频次

监测点位	监测指标	监测频次
车间或生产设施排放口[a]	流量	自动监测
	总铬、六价铬、总镍、总镉、总银、总铅、总汞	1次/日[b]
废水总排放口	流量、pH、化学需氧量	自动监测
	氨氮、总氮、总磷、总氯化物、总铜、总锌	1次/日[b]
	总铁、总铝、氟化物、悬浮物、石油类	1次/月

注：根据电镀工业集中式污水处理厂上游企业排放废水涉及的污染物指标，确定选测的金属指标。

[a] 车间或生产设施排放口指：含第一类污染物废水分质处理的特定处理单元出水口（分质处理的含第一类污染物的废水与其他废水混合前）。

[b] 设区的市级及以上环保主管部门明确要求安装自动监测设备的污染物指标，应采取自动监测。

2.4 电镀工业清洁生产相关要求

（1）《中华人民共和国清洁生产促进法》

《中华人民共和国清洁生产促进法》由中华人民共和国第九届全国人民代表大会常务委员会第二十八次会议于2002年6月29日通过，自2003年1月1日起施行。2012年2月

29日，由第十一届全国人民代表大会常务委员会第二十五次会议修改通过，自2012年7月1日起施行。修改后的《清洁生产促进法》明确了应当实施强制性清洁生产审核的三种情形：

①污染物排放超过国家或者地方规定的排放标准，或者虽未超过国家或者地方规定的排放标准，但超过重点污染物排放总量控制指标的；

②超过单位产品能源消耗限额标准构成高耗能的；

③使用有毒、有害原料进行生产或者在生产中排放有毒、有害物质的。

电镀行业由于涉及多种重金属，污染物排放量大且成分复杂，属于应当实施强制性清洁生产审核的范畴。此外，《清洁生产促进法》也对企业在进行技术改造过程中应当采取的清洁生产措施进行了原则性的规定，均适用于电镀行业：

①采用无毒、无害或者低毒、低害的原料，替代毒性大、危害严重的原料；

②采用资源利用率高、污染物产生量少的工艺和设备，替代资源利用率低、污染物产生量多的工艺和设备；

③对生产过程中产生的废物、废水和余热等进行综合利用或者循环使用；

④采用能够达到国家或者地方规定的污染物排放标准和污染物排放总量控制指标的污染防治技术。

（2）《清洁生产审核办法》

随着《清洁生产促进法》的实施，国家发展和改革委员会联合环境保护部于2016年发布了《清洁生产审核办法》（国家发展和改革委员会、环境保护部令第38号），替代原《清洁生产审核暂行办法》。《清洁生产审核办法》对应当实施强制性清洁生产审核的三种情形进行了细化说明，进一步理顺了清洁生产审核管理机制。

第八条　有下列情形之一的企业，应当实施强制性清洁生产审核：（1）污染物排放超过国家或者地方规定的排放标准，或者虽未超过国家或者地方规定的排放标准，但超过重点污染物排放总量控制指标的；（2）超过单位产品能源消耗限额标准构成高耗能的；（3）使用有毒有害原料进行生产或者在生产中排放有毒有害物质的。其中有毒有害原料或物质包括以下几类：第一类，危险废物。包括列入《国家危险废物名录》的危险废物，以及根据国家规定的危险废物鉴别标准和鉴别方法认定的具有危险特性的废物。第二类，剧毒化学品、列入《重点环境管理危险化学品目录》的化学品，以及含有上述化学品的物质。第三类，含有铅、汞、镉、铬等重金属和类金属砷的物质。第四类，《关于持久性有机污染物的斯德哥尔摩公约》附件所列物质。第五类，其他具有毒性、可能污染环境的物质。

根据《清洁生产审核办法》上述规定，电镀工业由于涉及有毒、有害原料使用，并且产生含多种重金属的危废，因此属于应当实施强制性清洁生产审核的范畴。

（3）《电镀行业清洁生产评价指标体系》

为了指导和推动电镀企业依法实施清洁生产，提高资源利用率，减少和避免污染物的产生，保护和改善环境，制定电镀行业清洁生产评价指标体系。本指标体系依据综合评价所得分值将电镀行业清洁生产等级划分为三级：Ⅰ级为国际清洁生产领先水平，Ⅱ级为国内清洁生产先进水平，Ⅲ级为国内清洁生产一般水平。本指标体系从生产工艺及装备指标、资源消耗指标、资源综合利用指标、污染物产生指标、产品特征指标和管理指标等六个方面规定了电镀企业（车间）清洁生产的要求（表 2-17）。

表 2-17　电镀行业清洁生产评价指标项目、权重及基准值

<table>
<tr><th>序号</th><th>一级指标</th><th>权重</th><th>二级指标</th><th>单位</th><th>权重</th><th>Ⅰ级基准值</th><th>Ⅱ级基准值</th><th>Ⅲ级基准值</th></tr>
<tr><td>1</td><td rowspan="4">生产工艺及装备指标</td><td rowspan="4">0.33</td><td>采用清洁生产工艺[①]</td><td></td><td>0.15</td><td>1. 民用产品采用低铬[②]或三价铬钝化
2. 民用产品采用无氰镀锌
3. 使用金属回收工艺
4. 电子元件采用无铅镀层替代铅锡合金</td><td colspan="2">1. 民用产品采用低铬[②]或三价铬钝化
2. 民用产品采用无氰镀锌
3. 使用金属回收工艺</td></tr>
<tr><td>2</td><td>清洁生产过程控制</td><td></td><td>0.15</td><td>1. 镀镍、锌溶液连续过滤
2. 及时补加和调整溶液
3. 定期去除溶液中的杂质</td><td colspan="2">1. 镀镍溶液连续过滤
2. 及时补加和调整溶液
3. 定期去除溶液中的杂质</td></tr>
<tr><td>3</td><td>电镀生产线要求</td><td></td><td>0.4</td><td>电镀生产线采用节能措施[③]，70%生产线实现自动化或半自动化[④]</td><td>电镀生产线采用节能措施[③]，50%生产线实现半自动化[④]</td><td>电镀生产线采用节能措施[③]</td></tr>
<tr><td>4</td><td>有节水设施</td><td></td><td>0.3</td><td colspan="2">根据工艺选择逆流漂洗、淋洗、喷洗，电镀无单槽清洗等节水方式，有用水计量装置，有在线水回收设施</td><td>根据工艺选择逆流漂洗、喷淋等，电镀无单槽清洗等节水方式，有用水计量装置</td></tr>
</table>

序号	一级指标	权重	二级指标	单位	权重	Ⅰ级基准值	Ⅱ级基准值	Ⅲ级基准值
5	资源消耗指标	0.10	*单位产品每次清洗取水量⑤	L/m^2	1	≤8	≤24	≤40
6	资源综合利用指标	0.18	锌利用率⑥	%	0.8/*n*	≥82	≥80	≥75
7			铜利用率⑥	%	0.8/*n*	≥90	≥80	≥75
8			镍利用率⑥	%	0.8/*n*	≥95	≥85	≥80
9			装饰铬利用率⑥	%	0.8/*n*	≥60	≥24	≥20
10			硬铬利用率⑥	%	0.8/*n*	≥90	≥80	≥70
11			金利用率⑥	%	0.8/*n*	≥98	≥95	≥90
12			银利用率⑥（含氰镀银）	%	0.8/*n*	≥98	≥95	≥90
13			电镀用水重复利用率	%	0.2	≥60	≥40	≥30
14	污染物产生指标	0.16	*电镀废水处理率⑦	%	0.5	100		
15			*有减少重金属污染物污染预防措施⑧		0.2	使用四项以上（含四项）减少镀液带出措施		至少使用三项减少镀液带出措施
			*危险废物污染预防措施		0.3	电镀污泥和废液在企业内回收或送到有资质单位回收重金属，交外单位转移须提供危险废物转移联单		
16	产品特征指标	0.07	产品合格率保障措施⑨		1	有镀液成分和杂质定期检测措施、有记录；产品质量检测设备和产品检测记录	有镀液成分定量检测措施、有记录；有产品质量检测设备和产品检测记录	
17	管理指标	0.16	*环境法律法规标准执行情况		0.2	废水、废气、噪声等污染物排放符合国家和地方排放标准；主要污染物排放应达到国家和地方污染物排放总量控制指标		
18			*产业政策执行情况		0.2	生产规模和工艺符合国家和地方相关产业政策		
19			环境管理体系制度及清洁生产审核情况		0.1	按照GB/T 24001建立并运行环境管理体系，环境管理程序文件及作业文件齐备；按照国家和地方要求，开展清洁生产审核	拥有健全的环境管理体系和完备的管理文件；按照国家和地方要求，开展清洁生产审核	

序号	一级指标	权重	二级指标	单位	权重	Ⅰ级基准值	Ⅱ级基准值	Ⅲ级基准值
20	管理指标	0.16	危险化学品管理		0.1	符合《危险化学品安全管理条例》相关要求		
21			废水、废气处理设施运行管理		0.1	非电镀车间废水[⑩]不得混入电镀废水处理系统；建有废水处理设施运行中控系统，包括自动加药装置等；出水口有 pH 自动监测装置，建立治污设施运行台账；对有害气体有良好净化装置，并定期检测	非电镀车间废水[⑩]不得混入电镀废水处理系统；建立治污设施运行台账，有自动加药装置，出水口有 pH 自动监测装置；对有害气体有良好净化装置，并定期检测	非电镀车间废水[⑩]不得混入电镀废水处理系统；建立治污设施运行台账，出水口有 pH 自动监测装置，对有害气体有良好净化装置，并定期检测
22			*危险废物处理处置		0.1	危险废物按照 GB 18597 相关规定执行		
23			能源计量器具配备情况		0.1	能源计量器具配备率符合 GB 17167 标准		
24			环境应急预案		0.1	编制系统的环境应急预案并开展环境应急演练		

注：带“*”号的指标为限定性指标。

①使用金属回收工艺可以选用镀液回收槽、离子交换法回收、膜处理回收、电镀污泥交有资质单位回收金属等方法。

②低铬钝化指钝化液中铬酸酐含量低于 5 g/L。

③电镀生产线节能措施包括使用高频开关电源和/或可控硅整流器和/或脉冲电源，其直流母线压降不超过 10%并且极杠清洁、导电良好，淘汰高耗能设备、使用清洁燃料。

④自动生产线所占百分比以产能计算；多品种、小批量生产的电镀企业（车间）对生产线自动化没有要求。

⑤“每次清洗取水量”是指按操作规程每次清洗所耗用水量，多级逆流漂洗按级数计算清洗次数。

⑥镀锌、铜、镍、装饰铬、硬铬、镀金和含氰镀银为七个常规镀种，计算金属利用率时 n 为被审核镀种数；镀锡、无氰镀银等其他镀种可以参照“铜利用率”计算。

⑦电镀废水处理量应≥电镀车间（生产线）总用水量的 85%（高温处理槽为主的生产线除外）。

⑧减少单位产品重金属污染物产生量的措施包括：镀件缓慢出槽以延长镀液滴流时间（影响产品质量的除外）、挂具浸塑、科学装挂镀件、增加镀液回收槽、镀槽间装导流板、槽上喷雾清洗或淋洗（非加热镀槽除外）、在线或离线回收重金属等。

⑨提高电镀产品合格率是最有效减少污染物产生的措施，“有镀液成分和杂质定期检测措施、有记录”是指使用仪器定量检测镀液成分和主要杂质并有日常运行记录或委外检测报告。

⑩非电镀车间废水：电镀车间废水包括电镀车间生产、现场洗手、洗工服、洗澡、化验室等产生的废水。其他无关车间并不含重金属的废水为“非电镀车间废水”。

⑪生产车间基本要求：设备和管道无跑、冒、滴、漏，有可靠的防范泄漏措施，生产作业地面、输送废水管道、废水处理系统有防腐防渗措施，有酸雾、氰化氢、氟化物、颗粒物等废气净化设施，有运行记录。

（4）《清洁生产审核评估与验收指南》

2018 年，生态环境部联合国家发展和改革委员会配套《清洁生产审核办法》出台了《清洁生产审核评估与验收指南》（环办科技〔2018〕5 号），为地方管理部门和企业开展清洁生产审核评估与验收提供了技术指导。电镀企业在开展强制性清洁生产审核过程中，应遵从相关要求，以保障清洁生产审核工作开展的质量和成效。

第八条　清洁生产审核评估应包括但不限于以下内容：

（一）清洁生产审核过程是否真实，方法是否合理；清洁生产审核报告是否能如实客观反映企业开展清洁生产审核的基本情况等。

（二）对企业污染物产生水平、排放浓度和总量，能耗、物耗水平，有毒有害物质的使用和排放情况是否进行客观、科学的评价；清洁生产审核重点的选择是否反映了能源、资源消耗、废物产生和污染物排放方面存在的主要问题；清洁生产目标设置是否合理、科学、规范；企业清洁生产管理水平是否得到改善。

（三）提出的清洁生产中/高费方案是否科学、有效，可行性是否论证全面，选定的清洁生产方案是否能支撑清洁生产目标的实现。对“双超”和“高耗能”企业通过实施清洁生产方案的效果进行论证，说明能否使企业在规定的期限内实现污染物减排目标和节能目标；对“双有”企业实施清洁生产方案的效果进行论证，说明其能否替代或削减其有毒有害原辅材料的使用和有毒有害污染物的排放。

第十六条　清洁生产审核验收内容包括但不限于以下内容：

（一）核实清洁生产绩效：企业实施清洁生产方案后，对是否实现清洁生产审核时设定的预期污染物减排目标和节能目标，是否落实有毒有害物质减量、减排指标进行评估；查证清洁生产中/高费方案的实际运行效果及对企业实施清洁生产方案前后的环境、经济效益进行评估；

（二）确定清洁生产水平：已经发布清洁生产评价指标体系的行业，利用评价指标体系评定企业在行业内的清洁生产水平；未发布清洁生产评价指标体系的行业，可以参照行业统计数据评定企业在行业内的清洁生产水平定位或根据企业近三年历史数据进行纵向对比说明企业清洁生产水平改进情况。

2.5 电镀工业园区环境准入政策

近年来，各地为响应关于电镀集中区（电镀定点基地）相关要求，陆续出台并修订了适用各地方的电镀行业环境准入条件及电镀园区准入条件，对本地区电镀行业进行全面、统一监督管理。以下列举了部分地区电镀工业园区准入条件相关要求。

2.5.1 《东莞市环保专业基地电镀企业准入条件（2014 年修订版）》

（1）总体要求

该准入条件中规定新建、扩建、迁建电镀企业原则上应使用全自动生产线或半自动生产线（在生产线上设导轨，行车在导轨上运行从而输送被镀物品在前处理槽或两个以上镀槽或后处理槽中进行加工的生产线，相对全自动生产线，形式上属于分段自动生产线）。入园的电镀企业不得设置含氰电镀工艺（含氰镀金、银、铜基合金及预镀铜打底工艺除外）及含氰沉锌工艺；原则上不得设置强酸退镀工艺，确实需要设置强酸退镀工艺的，必须设立相对集中、污染防治措施完善的退镀车间；电镀企业不得设置使用煤、重油等非清洁能源作为燃料的加热设备；有落后生产工艺和设备的企业，必须与淘汰落后结合才可允许改扩建。

（2）清洁生产要求

该准入条件中对企业清洁生产相关要求如下：

入基地综合电镀类企业清洁生产水平必须达到《清洁生产标准 电镀行业》（HJ/T 314—2006）中二级水平（国内清洁生产先进水平）。

入基地印制电路板企业清洁生产水平必须达到《清洁生产标准 印制电路板制造业》（HJ 450－2008）中二级水平（国内清洁生产先进水平）。

（3）废水、废气、危险废物处理要求

①废水分类及处理要求。

企业或车间的电镀废水实行集中治理模式，按照化学处理工艺的基本要求，电镀废水至少划分为前处理废水、含镍废水、含铬废水、含氰废水、综合废水、混排废水六类废水，设置各类废水收集池，分别用专管排到基地的废水集中处理中心设置的专门设施处理。废水排放量须与车间使用面积挂钩，每 1 000 m^2 电镀车间安排废水排放量不超过

15 t/d，同时结合企业技术和工艺等实际情况。混排废水产生量必须少于废水总产生量的5%。电镀废水进管前的浓度必须达到所在基地接纳标准。电镀企业原则上要设立回用水池，回用水池容积须按本企业环评要求进行设计。回用水池须安装流量计。

②废气处理要求。

电镀车间应密闭，设置车间新风系统，不得采用抽气风扇或打开门窗的方式将车间内废气直接向外排放。产生空气污染物的生产工艺和装置（含氰镀槽、采用不溶性阴阳极的镀槽或电解槽、高温镀槽、采用空气搅拌的镀槽和退镀槽）必须设立局部气体收集系统和集中净化处理装置，净化后的气体由排气筒排放。铬酸雾、氰化氢等废气必须单独收集和处理。排气筒高度应高出周围 200 m 半径范围的建筑 5 m 以上。不能达到该要求的排气筒，应按排放浓度限值严格 50%执行。在环保专业基地具备集中供热的条件下，各用热企业原则上须采用集中供热提供的热能，不得单独设置锅炉等供热设施（备用锅炉除外）。

③危险废物处置要求。

电镀废液、污泥等危险废物须委托有资质的危险废物处置单位进行安全处置，基地内须设集中储存点。储存点的设计必须满足《危险废物贮存污染控制标准》（GB 18597）。电镀废液、污泥等危险废物的转移须执行广东省危险废物转移联单制度，专业基地运营单位须协助企业办理相关手续。

2.5.2 《清远市龙湾环保表面处理示范基地电镀企业准入条件》(2018 年)

（1）总体要求

①入园的企业投资规模须达到 300 万元（不含土地与厂房建设费用）以上，土地投资强度达 70 万元/亩（不含土地费用）以上（如企业厂房为租赁的其投资强度另议），自动电镀生产线的产值占整个企业的电镀生产总值的 70%以上，年生产总值 2 000 万元以上，年纳税额 10 万元/亩以上，且依据国家现行清洁生产电镀行业标准实施清洁生产，达到二级以上清洁生产水平。

②入园企业生产厂房、生产设备、管网、工艺符合电镀生产和设计要求，有完善的废水、废气、废渣收集处理设施或措施，并按环境保护部门要求安装在线监测（控）设施。

③入园企业须按基地统一要求实施厂区分区设置，生产区应包括：机械前处理作业区（工件制作、磨光、抛光等）、电镀作业区、后处理作业区（退镀、喷涂、包装等）。

非生产区应包括：办公区、化验室、材料库、化学药品库、成品库等。各个部分应合理布局，按照有关安全规范间隔，并留有安全通道。

④入园企业生产作业场所、废水废液系统、化学品存放间地面须具备防腐、防渗、防泄漏条件。

⑤入园企业须采用先进的清洁生产工艺和对环境无害或少害的工艺及原料，推广无毒、低排放电镀新工艺、新技术，按国家现行清洁生产电镀行业标准实施清洁生产，达到二级以上清洁生产水平；达到《电镀行业清洁生产评价指标体系》中规定的电镀工艺要求；执行国家和地方政府部门颁布的电镀生产环保规定和规范要求。

⑥入园企业生产设备须采取电镀自动化工艺控制装置，以及自动化检测/检验、高稳定性、有多级逆流清洗系统的自动化、数字化电镀生产线，实现操作机械化和控制自动化。

⑦入园生产企业须采用代铬、无氰、微生物降解除油、耗能低（如常温）等电镀新技术、新工艺。只可在预镀铜、铜合金、镀金、镀银四种情况下使用氰化物，不得采用落后的生产工艺（如氰化物镀锌、含氰除油、含氰沉锌工艺、高浓度六价铬钝化工艺等）和配置耗能高、设计落后的老式生产线，切实加强资源、能源的综合利用，促进产业升级。

（2）废水、废气、危险废物、噪声及环境保护相关要求

①废水处理要求。入园企业须按“清污分流、雨污分流、分类处理、循环用水”的原则优化设置排水系统，采用工业废水回用、多级回收、逆流漂洗等节水型清洁生产工艺提高工业用水重复利用率，水循环综合利用率不得低于 60%。禁止采用单级漂洗或直接冲洗等落后工艺，对适用镀种应设有带出液回收工序。对于不能达到 60%中水回用的企业，园区管理机构将按照其实际回用率与60%回用率之间的差额加倍追加污水处理费。

入园企业须建设废水分类收集暂存池，通过管道输送到基地废水处理厂统一处理。

入园企业电镀工件清洗须采用减少槽液带出、多级逆流漂洗及喷淋清洗措施。处理前废水 COD 含量不高于 500 mg/L；含氰废水总氰化物含量不高于 150 mg/L；含六价铬废水六价铬含量不高于 150 mg/L。高浓度清洗废水及废液须单独收集、处理。

②废气处理要求。入园企业须配套有效的废酸雾、有机废气等工艺废气收集和处理措施；大气污染物排放须符合广东省《大气污染物排放限值》（DB 44/T 27—2001）二类控制区第二时段限值和《电镀污染物排放标准》（GB 21900—2008）中的指标要求。

入园企业须配备干法袋式或其他先进适用的烟气净化收尘装置。湿法净化除尘和工

艺废水处理过程生产的污水，经处理后进入闭路循环利用或达标后排放。

③噪声要求。入园企业须选用低噪声设备，并采取消声、隔声、减振等综合降噪措施，企业厂界噪声须符合《工业企业厂界环境噪声排放标准》（GB 12348—2008）3 类功能区要求。

④危废防治要求。入园企业使用特殊镀种、工艺，废水不能实行集中处理处置时，企业内部须具备处理处置废水、废液、废气的条件，并经基地管理部门核准。

⑤固废处置要求。入园企业产生的固体废弃物须分类收集存放，统一由基地送有资质处理单位综合利用或处理处置。

⑥其他要求。入园企业应配合基地要求制定环境风险事故防范和应急预案，落实有效的环境风险防范措施；入园企业排污口须按国家和省级有关规定进行规范设置；入园企业应当满足基地污染物排放量控制要求；入园企业须严格执行建设项目环境影响评价制度和环境保护"三同时"制度，所有防治污染设施必须与建设项目主体工程同时设计、同时施工、同时投入使用；入园企业对电镀废渣处理要按环保部门的要求严格管理，鼓励企业对电镀废渣回收和综合利用。

2.5.3 《阳江市环保工业园产业发展规划》

（1）总体要求

实行废水由园区集中统一处理；废气由企业端自行处理；固废充分回收利用，不能回收部分交由有资质公司处理的基本原则。重点发展"技术水平高、管理水平先进、环保投入大"的大型企业，抑制"低技术、高污染"的小企业入园。

线路板企业的工业用水重复利用率≥45%；金属铜回收率≥88%。

（2）废水、废气、危险废物处理及噪声相关要求

①废水处理要求。企业严格按照"清污分流、雨污分流、分类收集"的原则，设置厂区内部给排水系统。做好内部污水管网与园区污水管网的衔接。

排污口需按规定进行规范化设置，安装主要污染物在线监测系统。实施清洁生产，企业内部设置废水计量设施，控制企业废水排放量，废水排放量需符合《电镀污染物排放标准》（GB 21900—2008）要求。

②废气处理要求。降低废气排放，鼓励使用清洁能源，禁止使用燃料煤、重油，限制使用生物质燃料、柴油作为燃料。

所有工业项目必须按环评批复要求配套废气污染防治设施，减少工业废气排放，严格控制无组织排放，外排废气需满足《电镀污染物排放标准》（GB 21900—2008）要求后方可外排。

③危废处理要求。一般工业固体废物应立足于循环回收、综合利用。危险废物的污染防治须执行广东省对危险废物管理的有关规定，或送有资质的单位处理处置。

④噪声要求。入园企业须选用低噪声设备，并采取吸声、隔声、消声和减振等综合降噪措施，确保各企业厂界和园区边界噪声符合《工业企业厂界环境噪声排放标准》（GB 12348—2008）相应标准的要求。

（3）其他相关要求

工业园须优先使用电能、天然气以及液化石油气等清洁能源，降低新水量、耗电量指标，提高覆铜板利用率指标。项目万元工业总产值能耗不高于 0.075 t 标准煤/万元；项目建成投产一年后，当年研究开发费用总额占销售收入总额的比例不低于 4%；入园项目应积极发展高新技术，创建科技孵化型企业，提高行业知名度或成长性。

2.5.4 《浙江省电镀产业环境准入指导意见》（浙环发〔2010〕30 号）

（1）总体要求

本文件针对企业新建、扩建的电镀项目，要求总投资不得低于 3 000 万元。迁建项目和生产规模不变的技改项目不受规模指标限制。

电镀生产企业应积极推广无氰电镀工艺，低六价铬和无六价铬钝化以及低 COD 除油剂等先进工艺、先进技术、先进产品。

电镀企业应采用电镀过程全自动控制的节能电镀装备，有生产用水计量装置和车间排放口废水计量装置；产生大气污染物的生产工艺装置必须设立局部气体收集系统和集中净化处理装置，净化后的气体由排气筒排放；新建、扩建电镀项目原则上应使用自动化生产线。

电镀生产企业必须采用工业废水回用、多级回收、逆流漂等节水型清洁生产工艺，水循环回用率不得低于 50%。禁止采用单级漂洗或直接冲洗等落后工艺，对适用镀种应设有带出液回收工序。

（2）环境准入指标

本文件中所规定的环境准入指标见表 2-18。

表 2-18 环境准入指标

<table>
<tr><td colspan="2">指标</td><td>镀锌</td><td>镀铜</td><td>镀镍</td><td>装饰铬</td><td>硬铬</td></tr>
<tr><td colspan="2">规模</td><td colspan="5">电镀项目总投资≥3 000 万元</td></tr>
<tr><td colspan="2">工艺</td><td colspan="5">积极推广无氰电镀工艺</td></tr>
<tr><td colspan="2">装备</td><td colspan="5">电镀企业应采用电镀过程全自动控制的节能电镀装备，有生产用水计量装置和车间排放口废水计量装置，内部车间废水应分质分类处理；新建、扩建电镀项目原则上应使用自动化生产线</td></tr>
<tr><td rowspan="5">资源利用指标</td><td>单位产品能耗/（kWh/m^2）</td><td colspan="5">4</td></tr>
<tr><td rowspan="2">新鲜水用量指标/（t/m^2）</td><td colspan="5">单层镀≤0.2</td></tr>
<tr><td colspan="5">多层镀≤0.4</td></tr>
<tr><td>金属原料综合利用率</td><td>锌≥85%</td><td>铜≥85%</td><td>镍≥95%</td><td>铬酐≥60%</td><td>铬酐≥60%</td></tr>
<tr><td>水循环回用率</td><td colspan="5">≥50%</td></tr>
<tr><td rowspan="3">染物排放指标</td><td rowspan="2">单位产品废水排放/（L/m^2）</td><td colspan="5">单层镀≤100</td></tr>
<tr><td colspan="5">多层镀≤200</td></tr>
<tr><td>污染物排放指标/（mg/L）（车间或生产设施废水排放口）*</td><td colspan="5">总铬≤1.0，六价铬≤0.2，总镍≤0.5，总镉≤0.05，总银≤0.3，总铅≤0.2，总汞≤0.01，总铜≤0.5，总锌≤1.5，总铁≤3.0，总铝≤3.0</td></tr>
</table>

注：*排环境浓度按《电镀污染物排放标准》（GB 21900—2008）表 3 要求执行。

（3）其他要求

电镀建设项目必须按建设项目环境影响评价分级审批的规定报批项目环境影响评价文件。

电镀建设项目须符合上述环境准入指导意见，方可进入环评审批程序。

电镀建设项目实行环境监理制度和环境监督员制度，试生产前须严格执行环保设施与主体工程同时设计、同时施工、同时投产的“三同时”制度。

2.5.5 《台州市路桥区人民政府办公室关于加快电镀园区建设和电镀企业入园的通知》（路政办发〔2016〕56 号）

（1）总体要求

单家企业镀槽总容积不小于 4 万 L，建成投产后年产值在 2 000 万元以上，单位作业面积产值不低于 1.5 万元/m^2（热浸镀企业生产能力不低于 10 000 t/a 或产值不低于 1 000 万元/a，作为中间工序的企业自有车间不受规模限制）。电镀园区内各电镀企业的镀槽控制规模为 295 万 L（单纯的镀铜、镍、铬、锌等镀槽容积，不含前处理、钝化、出光等配套槽体容积）。

企业需选用低污染、低排放、低能耗、低水耗、经济高效的清洁生产工艺，推广使用《国家重点行业清洁生产技术导向目录》的成熟技术。优先选用高效低耗连续式处理设备，鼓励采用氯化钾镀锌、镀锌镍合金及低 COD 除油剂等清洁生产工艺、产品，推广无氰、无氟或低氟、低毒、低浓度、低能耗和少用络合剂的工艺。鼓励采用温度、浓度、pH、镀液净化等全自动控制的节能电镀装备。推广应用高频开关电源、螺杆式空压机（伺服变频）、高效节能灯等节能装备。

生产线要求全面采用自动化线，包括前处理环节。前处理工段和电镀工段间因工艺条件限制的可以分离，严格控制手工电镀生产设施总量。挂具及次成品采用电解法退镀、无含硝酸退镀工艺，退镀槽宜设置于电镀线上或集中退镀；限制使用普通可控硅整流电源、活塞式空压机；禁止使用《产业结构调整指导目录》淘汰类的生产工艺和本通知规定的淘汰落后工艺、装备和产品。

（2）其他要求

每家投产后企业工业增加值能耗水平不得超过园区节能评估报告能耗水平的 10%。

鼓励企业进行水资源减量化和循环利用；鼓励电镀线清洗水采用电导率自动控制排水，单位产品每次清洗取水量不超过 0.04 t/m^2，水的重复利用率在 50%以上，并达到《电镀行业清洁生产评价指标体系》中Ⅱ级以上水平。

电镀企业（除热浸镀企业以外企业）有重金属回收和水资源循环利用设施。镀铜、镀镍、镀硬铬以及镀贵金属等生产线配备工艺技术成熟的带出液回收槽等回收设施。热浸镀企业锌锅采用电、天然气等清洁能源加热，能源消耗以标准煤计应低于 35 kg/t 产品；新鲜水消耗量应低于 0.1 t/t 产品；锌有效利用率应高于 75%；盐酸消耗量应低于 25 kg/t 产品。

2.5.6 《路桥区电镀行业入园环境准入指导意见》

（1）总体要求

电镀园区采用工业地产开发模式，电镀园区允许分割成 10 家电镀企业，所有入园的电镀企业的投资强度要达到 260 万元/亩以上，每家电镀企业的镀槽总容积不小于 4 万 L。

①淘汰含氰电镀工艺（电镀金、银、铜基合金及预镀铜打底工艺暂缓淘汰）、含氰沉锌工艺、高六价铬钝化、电镀铅-锡合金和含硝酸退镀等重污染工艺。

②采用三价铬或其他替代物质的低铬钝化或无铬钝化工艺。

③不得使用铅、镉、汞、砷等重污染化学品。

④淘汰手工电镀工艺（金、银等贵重金属电镀及其他确需保留手工工艺的，应获得

当地环保部门审核同意），对无法实现自动化的工段（如前处理和钝化等）必须按照废水不落地的原则进行。

⑤应采用自动线为主的电镀生产线，且自动化生产线镀槽容积不小于总容积的80%。

⑥优先采用先进的PVD工艺、化学镀膜、合金电镀、代铬代镍工艺、无铬达克罗技术、脉冲电镀、激光电镀、超声波电镀等；优先发展具有较高附加值的高档镀种如镀金、银、锡以及合金镀等。

⑦采用多级间歇逆流清洗、多级间歇倒槽、多级间歇喷淋清洗、多级间歇喷雾清洗等清洗方式；生产线或车间安装用水计量装置；水循环利用率不得低于50%。

⑧推广无氰、无氟、无磷、低毒、低COD除油、低浓度、低能耗和少用络合剂的清洁生产工艺。

⑨鼓励采用电镀过程全自动控制的节能电镀装备。

（2）废水、废气、危险废物处理及噪声相关要求

①废水处理要求。对于排放污染物的电镀企业实施污染物总量控制，新、改、扩、技改类项目COD_{Cr}、氨氮污染物新增量与减排量的替代比例不得低于1∶1.2。

实行雨污、清污和污污分流，规范废水收集系统，不同废水（含铬废水、含氰废水、含铜废水、含镍废水等）必须进行归纳分流，分质分类进行收集。

每条生产线及全厂均须安装用水计量装置，可显示即时流量和累积流量；各企业安装刷卡排污系统，实施总量控制。

废污水采用单独处理和集中处理相结合的方式进行，电镀企业的生产工艺废水由企业分水分质收集后由园区污水处理站集中处理，各污染物执行《电镀污染物排放标准》（GB 21900—2008）新建企业排放浓度限制；企业生活污水由企业单独处理，执行《污水综合排放标准》（GB 8978—1996）中的三级排放标准，纳入路桥区滨海污水处理厂。

②废气处理要求。大气污染物排放严格按照《电镀污染物排放标准》（GB 21900—2008）表5排放限值执行。

生产过程中的盐酸雾、硫酸雾等工艺废气应设立局部气体收集系统，并根据废气特性采用水喷淋或碱喷淋吸收的集中净化处理装置，最后经15 m高空排放。

每个企业设置规范化的大气污染物排放口，排气筒高度控制在15 m左右；废气处理设施排放口的各项污染物排放浓度和指标要达到相应的标准。

③固体废物处理要求。根据“减量化、资源化、无害化”的原则，对固废进行分类

收集、规范处置；危险化学品包装物、废液（电镀液、退镀液）、废渣（阳极泥、过滤残渣、滤芯等）、废水处理污泥应按照危险废物进行管理。

危险废物由园区集中统一委托具有相应危险废物经营资质的单位利用处置，并严格执行危险废物转移计划审批和转移联单制度。

④噪声防治。生产过程的噪声对外排放应符合《工业企业厂界环境噪声排放标准》（GB 12348—2008）。

（3）其他要求

企业车间内应设立集水沟，并配套车间泄漏收集系统。危险化学品由企业统一安排集中储存，企业须落实满足要求的环境风险防范措施，配备必要的石灰、砂石、活性炭等应急救援物资和酸碱储罐区围堰等应急设施，制订有效可行的环境风险应急预案并及时更新，定期开展演练并与区域环境风险应急预案实现联动。

企业（园区）必须按照要求建立完善的环保组织体系、健全的环保规章制度和规范的环保台账系统。应配备专职、专业人员负责日常环保工作，企业环保人员应经过区环保部门组织的环保岗位业务培训并持证上岗，企业环保设施开展废水第三方委托运行，确保废水稳定达标排放。电镀园区应设立专门的环保机构，统一负责园区环保工作。

2.5.7 《宁波市鄞州电镀园区电镀企业准入条件》（2013年）

（1）总体要求

文件中规定入园企业不得使用氰化物镀锌、镀锌层六价铬钝化、电镀锡铅合金等工艺；不得使用铅、镉、汞等重污染化学品；铝氧化应采用电抛等先进工艺、禁止采用三酸化抛工艺；生产线全面采用自动化线且采用至少三级的间歇逆流清洗并设置回收槽，可适用喷淋或喷雾清洗的电镀线尽量使用三级以上的喷淋间歇逆流清洗或喷雾间歇逆流清洗，减少电镀清洗用水量，实现在源头减污；具备条件的电镀线安装在线离子交换或反渗透回收，使得处理后浓水经适当的成分调整后返回镀槽、淡水返回清洗工序，尽可能实现电镀后清洗水在线回用；或采取分质分流管线收集后进行集中式的离子交换或反渗透回收法，处理后的浓水经成分调整、除杂后返回镀槽，淡水返回清洗工序；电镀线清洗水尽可能采用电导率自动控制排水；电镀槽配置带选择性滤料的循环过滤装置；挂具及次成品采用电解法退镀、无含硝酸退镀工艺。

（2）废水、废气、危险废物处理及噪声相关要求

①废水处理要求。生产废水与生活污水分别处理，建有与生产能力配套的废水处理设施；车间废水应经合理的分流，每股废水单独接至污水处理站进行处理；含第一类污染物废水须经单独处理达标后方可进入混合废水处理系统或排放；中水回用率不小于60%。

②废气处理要求。氰化氢废气、铬酸雾、NO_x 设专门的废气收集系统和处理设施，其中铬酸雾有回收装置；各废气排放点按要求接入废气收集处理系统，镀槽采用上吸式集气罩或侧吸式集气罩；在集气罩开口方向不得设置机械通风装置；排放尾气符合《电镀污染物排放标准》（GB 21900—2008）中相应的排放限值要求。

③危废处理要求。危险废物暂存场所按《危险废物贮存污染控制标准》（GB 18597）设置。贮存场所地面须作硬化处理，设有雨棚、围堰或围墙，设置废水导排管道或渠道，能够将废水、废液纳入污水处理设施；贮存场所外设置设施危险废物警示标志，危险废物容器和包装物上设置危险废物标签；建立危险废物管理台账，如实记录危险废物贮存、利用处置相关情况；危险废物委托具有相应危险废物经营资质的单位利用处置，严格执行危险废物转移计划审批和转移联单制度。

（3）其他要求

项目将设置事故应急池，其容积应能容纳12～24 h的废水量，其位置根据厂区地势及废水管、沟等情况设置，确保能有效收集事故状态下产生的废水，以及用于初期雨水收集处理。

氰化物的使用经当地管理部门的同意并备案，并有氰化物采购及使用等相关详细手续和记录。

制订环境污染事故应急预案并报环保局备案，预案具备可操作性，并及时更新完善，按照预案要求配备相应的应急物资与设备，定期进行环境事故应急演练。

电镀企业应具备开展排放污染物的自行监测能力，配置监测实验室和所需的人员、仪器设备，各企业应至少具备铜、铅、锌、铬（六价）、总铬、银、COD、氨氮、总磷、镉、镍等水污染因子监测能力，并通过鄞州区环保局的监测质量考核；确保每日对排放的废水污染物进行监测，并每月报鄞州区环保局。

各企业实现刷卡排污，当全厂排污量指标用尽时自动关闭车间进水阀门，切断进水途径，根据月度或季度生产计划向鄞州区环保局申领用水指标。

2.5.8 《廊坊市电镀产业环境准入指导意见》（廊环〔2013〕265号）

（1）总体要求

该环境准入要求中规定电镀生产企业应使用无氰电镀工艺，低六价铬和无六价铬钝化以及低COD除油剂等先进技术、先进工艺、先进产品。此外电镀企业应采用电镀过程全自动控制的节能电镀装备，有生产用水计量装置和车间排放口废水计量装置；产生空气污染物的生产工艺装置必须设立局部气体收集系统和集中净化处理装置，净化后的气体由排气筒排放；新建、扩建电镀项目原则上应使用自动化生产线，应安装污染物排放自动监测设备，并与环保部门联网，保证设备正常运行。

电镀生产企业必须采用工业废水回用、多级回收、逆流漂洗等节水型清洁生产工艺，水循环回用率不得低于50%。禁止采用单级漂洗或直接冲洗等落后工艺，对适用镀种应设有带出液回收工序。

（2）废水、废气、危险废物处理及噪声相关要求

①水污染防治措施。电镀企业内部车间废水应分质分类处理，电镀废水原则上均应纳入污水处理厂，企业出水污染物指标应达到《电镀污染物排放标准》（GB 21900—2008）中相关要求。

②大气污染防治措施。废气应通过局部气体收集系统收集，经净化处理后高空排放。排放指标执行《电镀污染物排放标准》（GB 21900—2008）表5中的大气污染物排放限值要求。

③固废污染防治措施。根据“资源化、减量化、无害化”的原则，对固废进行分类收集、规范处置。对镀槽废液、废渣及废水处理站污泥按照危险处置要求进行综合利用和无害化处理。

3 电镀行业主要生产工序及污染物分析

3.1 电镀行业不同阶段生产工序及产排污环节

电镀行业是国民经济的重要组成部分，在提高金属制品的耐腐蚀性能、导电性、防护装饰性、修复零件尺寸等方面具有重要作用。根据镀层金属，电镀主要分为镀锌、镀铜、镀镍、镀铬、镀金、镀银以及镀合金。按照镀层金属划分虽然分类较多，但是各类电镀的工序大致相同。通常可以分为镀前处理、电镀以及镀后处理三个步骤。

3.1.1 镀前处理

金属表面附着的氧化膜和各种杂质，是阻碍电解液和金属表面直接接触的中间夹层，使零件表面产生介电、钝态、电阻大等不良状况，阻碍电流的通过，给金属离子放电带来阻力，降低电镀层结合力，因此需要镀前处理。由于电镀加工件的基材不同（如钢铁、铜及铜合金、铝及铝合金、塑料等），电镀件的原始加工状态不同（如冲压件、机加工件、铸锻件等），电镀前处理工艺也各不相同。典型镀前处理工艺如图 3-1 所示。

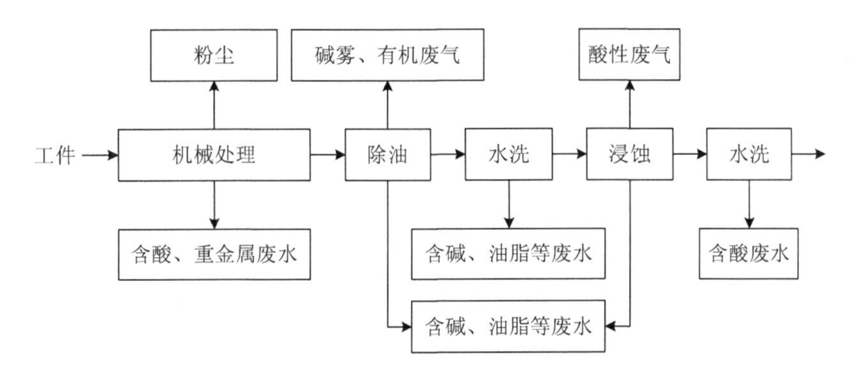

图 3-1　典型镀前处理工艺流程

不同前处理工艺产生的污染物不同，主要包括油脂等有机物、金属、氰化物、悬浮物、磷酸盐、表面活性剂、盐酸、硫酸、有机气体、粉尘等，以及含金属/布毛的碎渣、残酸、残碱、废溶剂等。

（1）工艺流程

①机械处理。

镀件表面残留的毛刺以及型砂造成表面的砂眼、坑凹等不平整状态，采用相应的方法除去，包括磨光、机械抛光、电抛光、滚光、喷砂处理等。多数情况下，镀件进入电镀企业（车间）之前已经经过加工，不需要进行整平处理。

②除油（脱脂）。

进行电镀之前，必须清除零件表面上的油污。按照脱脂温度分为常温脱脂法（0～40℃）、低温脱脂法（35～55℃）、中温脱脂法（60～75℃）、高温脱脂法（80～100℃）。主要的方法有物理机械法除油、有机溶剂除油、化学除油、电化学除油、擦拭除油和滚筒除油、超声波除油。由于皂化油的水解时间较长，化学除油方法一般采用预脱脂工艺除去非皂化油，有利于后一道工序去除皂化油。

③浸蚀（除锈）。

镀件表面往往存在氧化物或者氧化膜，为保障镀层与镀件紧密结合，需要进行除锈。除锈方法有多种，常用浸蚀法与机械法，浸蚀法一般分为化学浸蚀和电化学浸蚀。

④水洗。

在除油、浸蚀后必须进行清洗，以去除镀件表面残留的杂质和化学物质。该工序为前处理产生酸碱废水的主要环节。该工序废水主要污染成分为悬浮物、COD、油类，目前采用的高效清洗方式主要有以下五种：

a. 连续逆流清洗。这种清洗方式由多级清洗槽串联组成，在末级清洗槽内连续进水，从第一级清洗槽内连续排水，其水流方向与镀件清洗方向相反，各级清洗槽液浓度不同。

b. 间歇逆流清洗。这种清洗方式与连续逆流清洗不同之处在于末级清洗槽不连续进水，而是间歇进水。当末级清洗槽达到控制浓度后，整槽或部分回收第一级清洗液，其他各级按镀件运动相反方向换水，末槽补充新水。在清洗工艺类型相同时，随着清洗槽级数的增多，清洗水量逐渐减少，在同样清洗槽级数的情况下，间歇逆流用水量低于连续逆流。

c. 喷淋清洗。喷淋清洗是国内近年来发展较快的清洗方法之一，它能大幅度节约用水，一般用于自动生产线，与生产线镀件动作配合协调后，自动控制其启动和停止。喷淋用水量小于三级连续逆流清洗用水量。

d. 升温搅拌清洗。升温搅拌清洗是近年来开发的清洗方法之一，采用压缩空气搅拌能加快清洗水在镀件周围的流动速度，以消除镀件表面与清洗水之间的界面阻力，使清洗水进入镀件的凹洼和死角部位，当清洗水处于湍流状态时，可使黏附在镀件表面浓度较高的液膜被稀释而脱落，同时加强了水的对流作用，提高了清洗槽内清洗水浓度的均匀程度。另外，提高镀槽温度有利于减少镀液带出量。升温搅拌清洗的清洗效率和能耗均比一般清洗高。

e. 超声波搅拌清洗。超声波清洗具有很强的渗透能力，能渗透到空隙，从而提高清洗效果，特别适合于清洗有孔、有沟槽的复杂工件。

（2）产排污环节

电镀前处理主要污染物见表 3-1。

表 3-1 电镀前处理主要污染物

工 序	污染物排放
磨光、抛光、喷砂等	粉尘
电抛光	含氟化物、铬废水
滚光	含酸、重金属盐废水
化学除油	含乳化、油脂皂化液废水，碱雾
溶剂除油	含溶剂、油脂等废水
电解除油	含碱、油脂皂化液等废水
除锈	含盐酸、硫酸等废水，酸雾
强腐蚀	含酸、重金属盐、氟化物、六价铬等废水，酸雾

磨光、抛光、滚光、喷砂等机械法前处理会产生含硅、金属、布毛等的粉尘。滚光环节有磨料粉末和金属粉末随水洗而带出。

除油工序中，使用碱、络合剂、表面活性剂等作为除油槽液。除油槽液是有一定寿命的，当其中杂质含量到达一定程度时必须进行更新。废液中含大量的残碱液、乳化液、油脂皂化液等，是电镀废水 COD 的主要来源。

浸蚀（除锈、活化）工序产生大量的酸性废水。浸蚀液是有一定寿命的，当溶液中积聚的金属离子达到一定浓度时，浸蚀液必须更新。浸蚀废液中含大量金属离子和残酸，应进行回收或综合利用。

3.1.2 电镀

电镀过程中，以镀层金属或其他不溶性材料做阳极，镀件做阴极，镀层金属的阳离子在金属表面被还原形成镀层。根据操作工艺划分，可以分为手工生产和自动生产，也有一些企业是手工和自动生产混用的模式。根据镀层金属划分，可以分为镀锌、镀铜、镀镍、镀铬、镀银、镀金以及镀合金等。根据镀液中是否含有氰化物，分为含氰电镀和无氰电镀。

（1）镀锌工艺

①工艺流程。

与其他金属相比，锌是相对便宜而又易镀覆的一种金属，属低值防蚀电镀层，被广泛用于保护钢铁件，特别是防止大气腐蚀，并用于装饰。镀覆技术包括槽镀（或挂镀）、滚镀（适合小零件）、自动镀和连续镀（适合线材、带材）。目前，国内按电镀溶液分类，可分为锌酸盐镀锌、氯化物镀锌、硫酸盐镀锌。镀锌属于电镀中的主要镀种，占 45%～50%，其工艺流程及产污节点详见图 3-2。

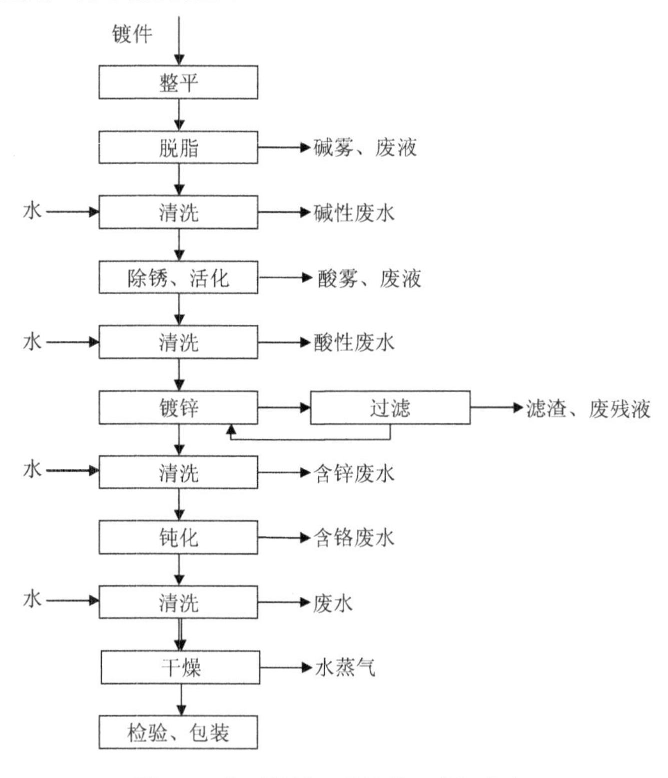

图 3-2 典型镀锌工艺流程及产污节点

②产排污环节。

镀锌工艺污染物主要包括含锌废水、含铬废水、酸碱废气、电镀废液等。废水主要来源于镀锌工序后镀件清洗水、过滤机清洗水、极板的清洗等。镀锌工艺主要水污染物见表 3-2。

表 3-2 镀锌废水主要污染物

工艺		废水中主要污染物
镀锌	锌酸盐镀锌	氧化锌、氢氧化钠和部分添加剂、光亮剂等
	硫酸盐镀锌	硫酸锌、硫脲和部分光亮剂等
	钾盐镀锌	氧化锌、氯化钾、硼酸和部分光亮剂等
钝化		三价铬、锌等金属离子和硫酸等；含有被钝化的金属离子和盐酸、硝酸以及部分添加剂、光亮剂等

（2）镀铜工艺

①工艺流程。

镀铜是使用广泛的一种镀层，一般作为镀镍、镀铬、镀银和镀金的打底，用于修复磨损部分，防止局部渗碳和提高导电性。根据镀铜溶液划分，使用最多的是氰化物镀铜、硫酸盐镀铜和焦磷酸盐镀铜，目前焦磷酸盐电解液已被广泛采用。其工艺流程及产污节点详见图 3-3。

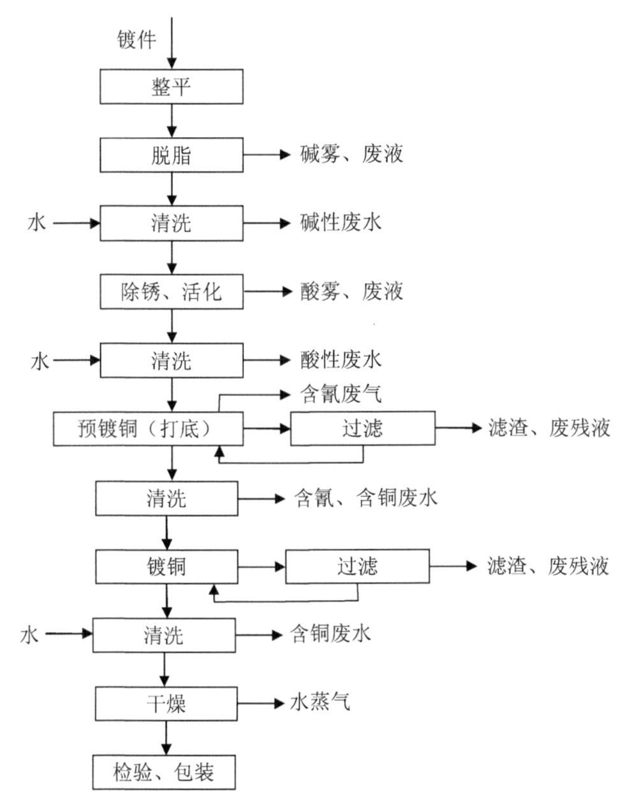

图 3-3 典型镀铜工艺流程及产污节点

②产排污环节。

镀铜工艺污染物主要包括含氰废水、含铜废水、酸碱废气、有机废气、电镀废液等。镀铜废水主要来源于镀铜工序后镀件清洗、过滤机清洗、极板的清洗等。镀铜工艺主要水污染物见表 3-3。

表 3-3 镀铜废水主要污染物

工艺		废水中主要污染物
电镀铜	氰化物镀铜	氰的络合铜离子、游离氰、氢氧化钠、碳酸钠、部分添加剂、光亮剂等
	硫酸盐镀铜	硫酸铜、硫酸和部分光亮剂
	焦磷酸盐镀铜	焦磷酸铜、焦磷酸钾、柠檬酸钾、氨三乙酸等以及部分添加剂、光亮剂等
	HEDP 镀铜	硫酸铜、HEDP、氯化钾、碳酸钾、氢氧化钾和部分光亮剂等，柠檬酸-酒石酸盐
	柠檬酸-酒石酸盐镀铜	柠檬酸铜、酒石酸钾、柠檬酸钠和部分添加剂、光亮剂等
化学镀铜		硫酸铜、甲醛、氢氧化钠、EDTA 二钠盐等

（3）镀镍工艺

①工艺流程。

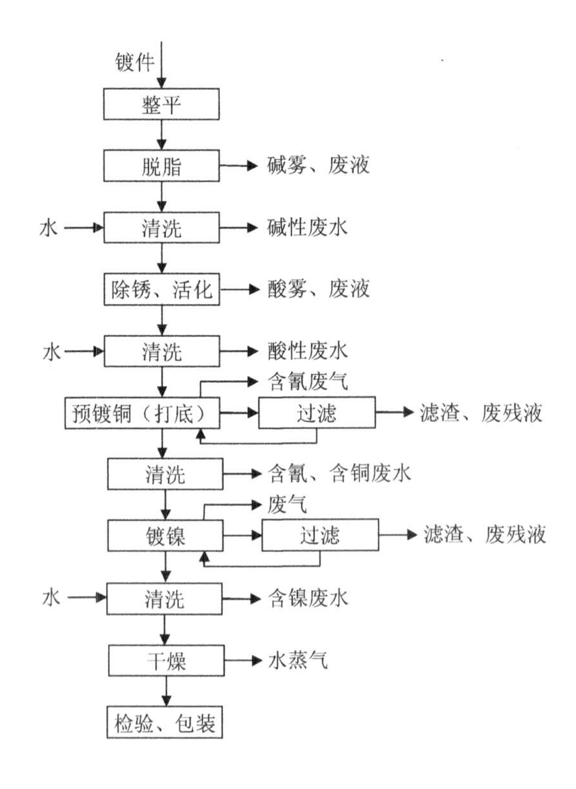

图 3-4 典型镀镍工艺流程及产污节点

镀镍工艺主要用作防护装饰性镀层。由于镍镀层孔隙率高，只有当镀层厚度超过25μm时才基本上无孔。因此薄的镀镍层不能单独用作防护性镀层，通常使用镀铜层作底层或采用多层镍电镀。其工艺流程及产污节点详见图3-4。由于镀镍层具有很多优异的性能，广泛用于汽车、自行车、钟表、医疗器械、仪器仪表和日用五金等方面。在电镀工业中，镀镍层的生产量居第二位，仅次于镀锌层。按镀液划分，镀镍液的类型主要有硫酸盐型、氯化物型、氨基磺酸盐型、柠檬酸盐型、氟硼酸盐型等。其中以氯化物型、氨基磺酸盐型以及硫酸盐型镀镍液在工业上的应用最为普遍。

②产排污环节。

镀镍工艺污染物主要包括含镍废水、含磷酸盐（包括次磷酸盐、亚磷酸盐）废水、有机物废水、酸性废气、电镀废液等。镀镍废水主要来源于镀镍工序后镀件清洗水、过滤机清洗水、极板的清洗等。镀镍工艺主要水污染物见表3-4。

表3-4 镀镍废水主要污染物

<table>
<tr><th colspan="2">工艺</th><th>废水中主要污染物</th></tr>
<tr><td rowspan="8">镀镍</td><td>普通镀镍</td><td>硫酸镍、氯化镍、硼酸、氯化钠等盐类</td></tr>
<tr><td>光亮镍</td><td rowspan="6">氯化镍、硼酸、氯化钠等盐类以及部分添加剂、光亮剂等</td></tr>
<tr><td>高硫镍</td></tr>
<tr><td>镍封</td></tr>
<tr><td>高硫镍</td></tr>
<tr><td>缎面镍</td></tr>
<tr><td>高应力镍</td></tr>
<tr><td>其他镀镍</td><td>硫酸镍、柠檬酸盐、氨基磺酸盐、氯化钠等</td></tr>
<tr><td colspan="2">化学镀镍</td><td>镍离子（以络合态存在）、磷酸盐（包括次磷酸盐、亚磷酸盐）及有机物</td></tr>
</table>

（4）镀铬工艺

①工艺流程。

镀铬主要用于提高抗蚀性、耐磨性和硬度，修复磨损部分，以及增加反光性和美观等。按镀液成分的性质分为一般镀铬、复合镀铬、三价铬镀铬。一般镀装饰铬首先预镀铜，然后镀镍，最后进行镀铬。其工艺流程及产污节点如图3-5所示。

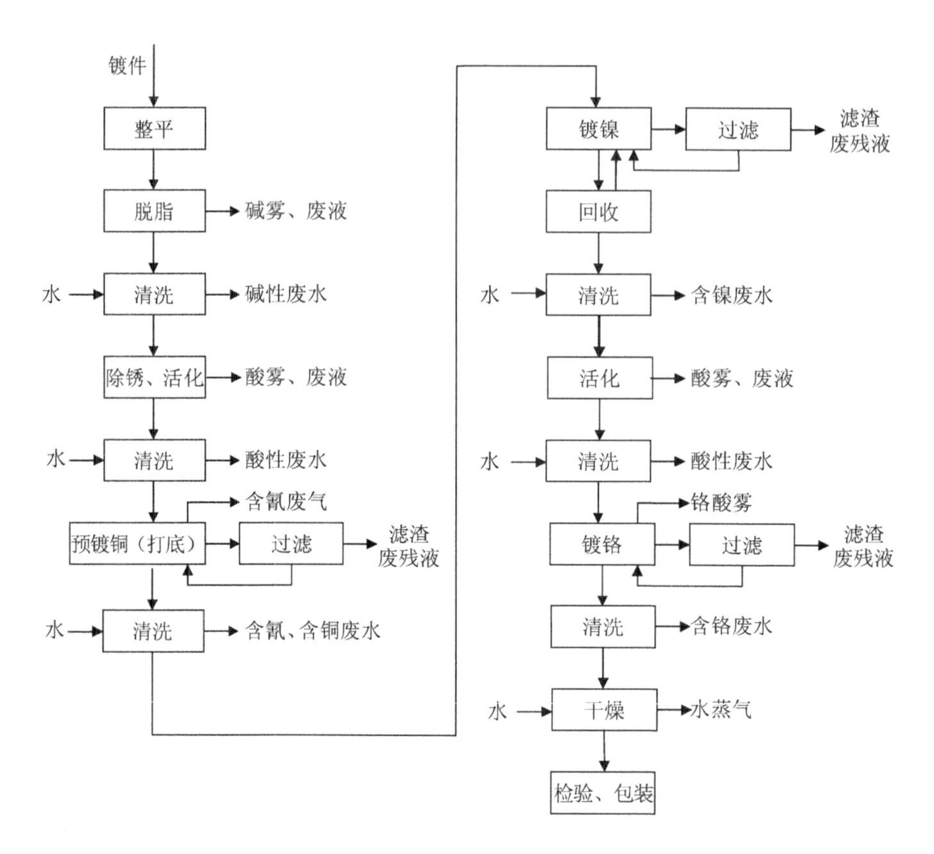

图 3-5　镀装饰铬工艺流程及产污节点

②产排污环节。

镀铬工艺污染物主要包括含铬废水、铬雾、电镀废液等。镀铬废水主要来源于镀铬工序后镀件清洗、过滤机清洗水、极板的清洗等。镀铬工艺主要水污染物见表 3-5。

表 3-5　镀铬废水主要污染物

工艺	废水中主要污染物
普通镀铬	六价铬、铜、铁等金属离子和硫酸、盐酸、硝酸以及部分添加剂、光亮剂等
复合镀铬	六价铬、硫酸、氟硅酸等
自动调节镀铬	六价铬、硫酸锶、氟硅酸钾等
快速镀铬	六价铬、硫酸、硼酸、氧化镁等
四铬酸盐镀铬	四铬酸盐镀铬、六价铬、硫酸、柠檬酸钠、氟化钠等
三价铬镀铬	三价铬、甲酸钾、甲酸铵、草酸铵等

（5）镀银工艺

①工艺流程。

镀银工艺按照镀液成分可分为有氰工艺和无氰工艺。镀银主要生产工艺及产污节点如图 3-6 所示。

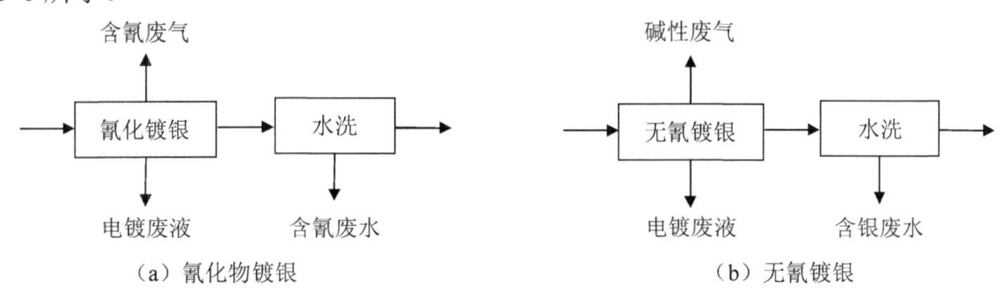

（a）氰化物镀银　　（b）无氰镀银

图 3-6　镀银生产工艺及产污节点

②产排污环节。

镀银工艺污染物主要包括含银废水、含氰废水、含氰废气、酸碱废气、电镀废液等。镀银废水主要来源于镀银工序后镀件清洗、过滤机清洗、极板的清洗等。镀银工艺主要水污染物见表 3-6。

表 3-6　镀银废水主要污染物

工艺	废水中主要污染物
氰化物镀银	氰化银、银氰化钾、硝酸银、氰化钾、碳酸钾等
无氰镀银	硫代硫酸钠、酸银、硫代硫酸铵、醋酸铵、亚氨基二磺酸铵、烟酸、碳酸钾等

（6）镀金工艺

①工艺流程。

镀金液通常分为氰化物镀液与无氰镀液；氰化物镀液又分为高氰和低氰镀液，无氰镀液以亚硫酸盐镀金液应用较多。镀金生产工艺及产污节点如图 3-7 所示。

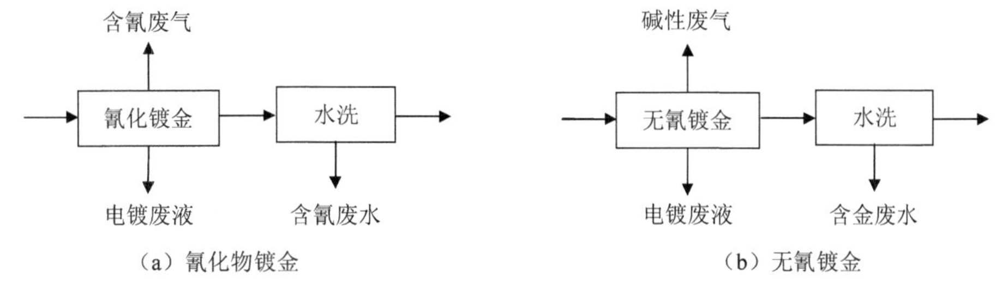

（a）氰化物镀金　　（b）无氰镀金

图 3-7　镀金生产工艺及产污节点

②产排污环节。

镀金工艺污染物主要包括含金废水、含氰废水、含氰废气、酸碱废气、电镀废液等。镀金废水主要来源于镀金工序后镀件清洗、过滤机清洗水、极板的清洗等，镀金工艺主要水污染物见表 3-7。

表 3-7 镀金废水主要污染物

工艺	废水中主要污染物
碱性氰化物镀金	氰化钾、氰化钾、碳酸盐、磷酸盐
酸性和中性镀金	金氰化钾、氰化钾、碳酸盐、磷酸盐
亚硫酸盐镀金	氯化金、亚硫酸钠、亚硫酸铵、柠檬酸钾、柠檬酸铵、EDTA 等

（7）镀合金工艺

镀合金工艺污染物主要包括含锌、铜、镍、铬、镉、锡、贵金属等废水，含氰废水，含氰废气，铬酸废气，酸碱废气，电镀废液等。镀合金生产工艺及产污节点见图 3-8。

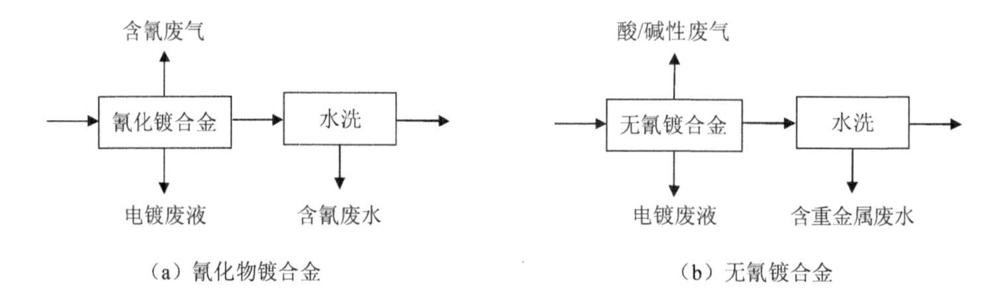

图 3-8 镀合金生产工艺及产污节点

镀合金废水主要来源于镀合金工序后镀件清洗、过滤机清洗水、极板的清洗等。

3.1.3 镀后处理

镀件经过电镀后进行清洗、驱氢、钝化等工序去除镀件表面残留的电镀液以及金属镀层的内部原子态的氢，并形成一层氧化薄膜。钝化是提高防护性镀层防腐蚀能力的重要手段之一，特别是镀锌层和镀镉层，如果不进行钝化处理，其表面极易发生腐蚀。它们经铬酸盐钝化之后，可显著提高其防护性能和装饰性能，所以镀锌后钝化是镀锌工艺中的一道必须工序。锌镀层的镀后处理包括除氢、出光和钝化等工序，是为了消除电镀过程中产生的氢脆，提高锌镀层表面的光亮和美观，增加镀层的耐蚀性能。对于其他镀层来说原理也是相同的，通常的镀后处理的主要工艺流程如下。

（1）清洗

镀件进行清洗是去除表面携带的镀液等杂质的过程，清洗分为传统单槽清洗以及节水清洗（淋洗、喷洗、多级逆流漂洗、回收或槽边处理）。采用传统单槽清洗工艺，水资源利用效率低，耗水量大，废水产生量大，高于现有产排污系数水平。节水清洗在一定程度上避免了上述问题，因此备受青睐。

（2）驱氢处理

驱氢处理对于电镀产品显得尤为重要，因为在电镀体系中，被镀金属离子在阴极上得到电子，氢离子也同样会得到电子，生成原子态的氢，渗透到金属镀层的内部，使镀层产生疏松，当搁置一段时间后，原子态的氢会结合生成氢气而体积膨胀，导致镀层产生针孔、鼓泡甚至脱落等不良缺陷，如果渗透到基体还会导致整个构件的氢脆现象，特别是对于高强度钢，一旦渗氢容易导致构件的脆断。

驱氢的方法相对简单、单一，一般是采用热处理的方式把原子态的氢驱赶出来，对于常用的镀锌构件，一般是在带风机的烘箱中，220℃恒温条件下保温 2 h。这个工序一般在钝化之前，这样不会由于驱氢导致钝化层破裂。驱氢处理通常选择一个最佳温度区间（180±20℃）和时间（2～3 h）进行热处理，但是针对不同的镀层稍有差异，而且不同的处理温度和处理时间对镀层的性能也有一定的影响。因此驱氢既要保证有效地去除渗透到镀层或者金属基体的原子态的氢，又不能引起镀层的破裂。

（3）钝化

钝化处理是在一定的溶液中进行化学或电化学处理，在镀层上形成一层坚实致密的、稳定性高的薄膜的表面处理方法。钝化使镀层的耐腐蚀性能进一步提高并增加表面光泽和抗污染的能力。根据钝化液中铬酐浓度可以划分为高铬钝化、低铬以及超低铬钝化工艺。其中高铬钝化工艺铬酐浓度在 250 g/L 左右，低铬在 5 g/L 左右，超低铬钝化液铬酐浓度在 2 g/L。采用低铬工艺不仅能够大大减少铬酐的使用量，而且清洗水中的六价铬含量极低，经过简单处理就能达到工业废水国家排放标准（六价铬含量不大于 0.5 mg/L）。

3.1.4 退镀

生产中因各种原因出现不合格镀层时，通常会采用退镀的方式退除不合格镀层，具体操作方法有很多。根据镀层性质和退镀要求可以采用化学退镀法、电解退镀法。退镀废液属于危险废物，采用氰化物电解退镀还会产生含氰废气，退镀后进行清洗产生废水。

3.2 电镀行业主要污染物分析

电镀行业中污染物种类包括废水、废气、固体废物以及噪声等，其中废水、废气、固体废物是电镀行业中体量最大、污染最为严重的部分。电镀行业产排污系数见表 3-8。

表 3-8 电镀产排污系数

产品	原料	工艺	污染物指标	单位	产污系数	排污系数
镀锌	结构材料：钢铁工件 工艺材料：镀锌电镀液及其添加剂、酸碱液等	镀前处理、电镀、镀后处理	工业废水量	t/m^2	0.57	0.57
			化学需氧量	g/m^2	211.46	82.28
			石油类	g/m^2	29.18	5.48
			六价铬	g/m^2	13.73	0.28
			氰化物	g/m^2	14.55	0.26
			工艺废气量（工艺）	m^3/m^2	18.6	18.6
			HW17 危险废物（表面处理废物）等	kg/m^2	0.278	—
镀铬	结构材料：钢铁工件 工艺材料：镀铬电镀液（铬酐）及其添加剂、酸碱液等	镀前处理、电镀、镀后处理	工业废水量	t/m^2	0.69	0.69
			化学需氧量	g/m^2	254.21	100.73
			石油类	g/m^2	37.95	6.83
			六价铬	g/m^2	41.55	0.31
			氰化物	g/m^2	17.77	0.29
			工艺废气量（工艺）	m^3/m^2	74.4	74.4
			HW17 危险废物（表面处理废物）等	kg/m^2	0.278	—
其他镀种（铜、镍）	结构材料：钢铁工件 工艺材料：各种电镀液及其他添加剂、酸碱液等	镀前处理、电镀、镀后处理	工业废水量	t/m^2	0.63	0.63
			化学需氧量	g/m^2	229.46	89.78
			石油类	g/m^2	32.7	6.08
			氰化物	g/m^2	15.15	0.26
			工艺废气量（工艺）	m^3/m^2	37.3	37.3
			HW17 危险废物（表面处理废物）等	kg/m^2	0.278	—

3.2.1 废水污染

电镀废水含有数十种无机和有机污染物，其中无机污染物主要为铜、锌、铬、镍、镉等重金属离子以及酸、碱、氰化物等；有机污染物主要为COD、氨氮、油脂等。

电镀废水主要分为以下几类。

前处理废水：包括工件除锈、除油、脱脂、除蜡等电镀前处理工序产生的废水，主要污染物为有机物、悬浮物、盐酸、硫酸、氢氧化钠、碳酸钠、磷酸钠等。其中除油脱脂废水是电镀废水中COD的主要来源，宜单独收集并采用生化法处理，降低综合废水的COD浓度。

含氰废水：包括氰化预镀铜，碱性氰化物镀金，中性和酸性镀金、银、铜锡合金，仿金电镀等氰化电镀工序产生的废水，主要污染物为氰化物、络合态重金属离子等。该类废水剧毒，须单独收集、处理。

含铬废水：包括镀铬、镀黑铬、铬钝化、退镀以及塑料电镀前处理粗化、铬酸阳极化、电抛光等工序产生的废水。主要污染物为三价铬、六价铬等。该类废水毒性大，含第一类污染物，须单独收集、处理。

含镍废水：包括电镀镍、镍封、镀镍合金、化学镍等工序产生的废水。主要污染物为总镍、金属络合物和有机络合剂（如柠檬酸、酒石酸等）。该类废水毒性大，含第一类污染物，须单独收集、处理。

电镀混合废水：包括多种工序镀种混排的清洗废水和难以分开收集的地面废水。一般含有镀种配方的成分材料，如镀铜、锌等金属及其合金产生的废水以及阳极氧化、磷化工艺产生的废水。主要污染物因厂而异，组分复杂多变，主要污染物有铜、锌等金属盐，金属络合物和有机络合剂（如柠檬酸、酒石酸和乙二胺四乙酸等）。

络合废水主要来源于焦磷酸镀铜、铜锡合金、化学镀等，这类废水成分复杂处理方法也不同，常用分流管道收集。

电镀废水的种类、来源及主要污染物见表3-9。

表 3-9 电镀废水的种类、来源和主要污染物

序号	废水种类	废水来源	主要污染物及水平
1	前处理废水	镀前处理中的除油、除蜡、除锈、腐蚀和浸酸、出光等废水	硫酸、盐酸、硝酸等各种酸类和氢氧化钠、碳酸钠等各种碱类，以及各种盐类、表面活性剂、洗涤剂等，同时还含有铁、铜、铝等金属离子及油类、氧化皮、砂土等杂质。一般酸、碱废水混合后偏酸性，COD 浓度为 300～500 mg/L
2	含氰废水	预镀铜、镀金、镀银、镀合金等氰化镀槽	氰的络合金属离子、游离氰、氢氧化钠、碳酸钠等盐类，以及部分添加剂、光亮剂等。一般废水中氰浓度在 50 mg/L 以下，pH 为 8～11
3	含铬废水	镀铬、钝化、阳极化处理等	六价铬、三价铬、铜、铁等金属离子和硫酸等；钝化、阳极化处理等废水还含有被钝化的金属离子和盐酸、硝酸以及部分添加剂、光亮剂等。一般废水中六价铬浓度在 100 mg/L 以下，pH 为 4～6
4	含镍废水	镀镍、镍封、镀镍合金	硫酸镍、氯化镍、硼酸、硫酸钠等盐类，以及部分添加剂、光亮剂等。一般废水中含镍浓度在 100 mg/L 以下，pH 在 6 左右
5	含铜废水	酸性镀铜	硫酸铜、硫酸和部分光亮剂。一般废水中含铜浓度在 100 mg/L 以下，pH 为 2～3
		焦磷酸镀铜	焦磷酸铜、焦磷酸钾、柠檬酸钾、氨三乙酸等，以及部分添加剂、光亮剂等。一般废水中含铜浓度在 50 mg/L 以下，pH 在 7 左右
6	含锌废水	碱性锌酸盐镀锌	氧化锌、氢氧化钠和部分添加剂、光亮剂等。一般废水中含锌浓度在 50 mg/L 以下，pH 在 9 以上
		钾盐镀锌	氧化锌、氯化钾、硼酸和部分光亮剂等。一般废水中含锌浓度在 100 mg/L 以下，pH 在 6 左右
		硫酸锌镀锌	硫酸锌、硫脲和部分光亮剂等。一般废水中含锌浓度在 100 mg/L 以下，pH 为 6～8
		铵盐镀锌	氯化锌、氧化锌、锌的络合物、氨三乙酸和部分添加剂、光亮剂等。一般废水中含锌浓度在 100 mg/L 以下，pH 为 6～9
7	含银废水	氰化镀银、硫代硫酸盐镀银	银离子、游离氰离子、络合物和部分添加剂，pH 为 8～11，银离子≤50 mg/L、总氰根离子为 10～50 mg/L
8	磷化废水	磷化处理	磷酸盐、硝酸盐、亚硝酸钠、锌盐等。一般废水中含磷浓度在 100 mg/L 以下
9	电镀混合废水	（1）除含氰废水系统外，将电镀车间排出废水混在一起的废水 （2）除各种分质系统废水，将电镀车间排出废水混在一起的废水	其成分根据电镀混合废水所包括的镀种而定

3.2.2 废气污染

电镀生产过程中产生的废气见表 3-10。

表 3-10 电镀工艺大气污染物及来源

废气种类	产污环节	主要污染物
含尘废气	抛光（喷砂、磨光等）	砂粒、金属氧化物及纤维性粉尘
酸性废气	酸洗、出光和酸性镀液等	氯化氢、硫酸雾、硝酸雾等
碱性废气	化学、电化学脱脂，碱性镀液等	氢氧化钠等
铬酸雾废气	镀铬、镀硬铬工艺	铬酸雾
含氰废气	氰化镀铜、镀银、铜锡合金及仿金等	氰化氢
氮氧化物	硝酸酸洗	NO_x
有机废气	化学镀、油漆封闭	甲醛、甲苯、二甲苯等
氟化氢	氟化氢浸蚀	氟化氢
锅炉废气	锅炉加热系统	粉尘、SO_2、NO_x 等

①含尘废气主要由喷砂、磨光及抛光等工序产生，含有砂粒、金属氧化物及纤维性粉尘等，此类废气不但污染空气，也会对从业者咽喉、肺部造成伤害。

②酸性废气由采用盐酸、硫酸等酸性物质进行酸洗、出光和化学抛光等工艺所产生。如氯化氢、二氧化硫、氟化氢、硫化氢及磷酸等气体和酸雾，具有极强的刺激性气味，对操作者咽喉、气管及肺部产生危害，还会腐蚀厂房及设备，污染大气或形成酸雨。

③碱性废气电镀过程中使用氢氧化钠、碳酸钠及磷酸钠等碱性物质，由于加热等工艺操作所产生的碱性气体。可产生碱雾的工艺主要有：化学除油、电化学除油、强碱性电镀（如碱性镀锌和碱性镀锡等）和氰化电镀等。碱雾对操作者咽喉、气管、肺部刺激很大。

④含铬废气在镀铬工艺中产生。铬雾具有很强的毒性和腐蚀性，对人体和环境造成极大污染和伤害。铬雾经呼吸道吸入人体，对呼吸道有刺激和腐蚀作用，可引起鼻部严重病变，如急性鼻炎、鼻穿孔、咽炎及支气管炎等，皮肤长期接触铬雾，还可引起皮炎或湿疹，铬雾还会致畸、致癌及致突变。

⑤氮氧化物废气在含有硝酸溶液中酸洗、出光及抛光等工艺中所产生的酸性废气，一氧化氮通过呼吸系统进入血液，侵入红血球与血红蛋白作用，引起血液中毒，同时也

对中枢神经系统产生麻痹作用，吸入高浓度的一氧化氮能致动物于死命，二氧化氮和四氧化二氮的毒性比一氧化氮要大3～4倍，二氧化氮主要伤害人体黏膜、呼吸系统和神经系统，较高的浓度会使人咳嗽、咳血，进而引发肺炎、肺积水甚至窒息而死。此外，对神经系统也能造成损伤。

⑥含氰废气由氰化电镀产生，如氰化镀铜、镀银、镀铜-锡合金及仿金等。氰化物遇酸反应，能够产生毒性更强的氰化氢气体，吸入微量就可致人于死命。

3.2.3 固体废物污染

电镀工艺产生的固体废物主要为化学法处理电镀废水的过程中产生的污泥，以及化学除油工序产生的少量油泥（表3-11）。污泥中含有金属氢氧化物、硫化物等重金属污染物，多属于危险废物。但当金属含量达到精矿含量要求时，可先进行资源化综合利用。

表3-11　电镀工艺固废污染物及来源

固废种类	产污环节	属性
污水处理污泥	污水处理	危险废物
电镀槽渣（滤渣）	电镀槽液过滤及槽泥清理	危险废物
镀槽废液	电镀槽	危险废物
沾有化学品包装物	原材料使用	危险废物
阳极残料	电镀阳极	一般固废

电镀污泥具有含水率高、重金属组分热稳定性高且易迁移等特点，其中铜、铬等重金属生物降解难度大，反而能在食物链的作用下快速富集。所以，电镀污泥如若未妥善处理，会带来一系列问题。例如，重金属在雨水的淋溶下沿着污泥—土壤—农作物—人体的路径迁移，污染地表水、土壤、地下水，危及生物链，进而和人体中的蛋白质及酶等发生作用，使其失去活性，甚至可以在人体的某些器官中累积，造成慢性中毒。

电镀行业全过程环境整治提升方案

为解决当前电镀行业突出环境问题，实现电镀行业环境整治提升，达到节能、降耗、减污、增效的效果，本章针对电镀行业生产全过程，从源头削减、过程控制、提升污染治理水平、强化设施运营管理以及环境管理相关要求等方面提出电镀全过程环境整治提升方案。

4.1 源头削减及有毒有害物质替代

源头削减是减少电镀行业污染物排放的根本措施，应推广使用环保绿色的原辅材料。鼓励企业节约资源、减少水资源消耗、使用环境友好型原辅材料及清洁技术。

①氯化物或碱性锌酸盐替代氰化物的镀锌。该类技术已经广泛应用于电镀锌工艺，由于不使用氰化物，因此电镀过程可以避免产生含氰污染物，适用于电镀锌工艺。

②无氰无甲醛酸性镀铜。钢铁、铜、锡基质工件直接镀铜时，可以采用无氰无甲醛酸性（CDS）镀铜。镀液通常由五水硫酸铜、阻化剂、络合剂、还原剂等组成，选择适合镀铜液的酸盐与阻化剂合理配位，抑制铜离子与钢铁的置换反应；以葡萄糖等组成的复合还原剂，使二价铜离子（Cu^{2+}）在金属表面形成结合力牢固的镀层。

③羟基亚乙基二膦酸镀铜。钢铁、铜基质工件装饰性镀铜时，首先确保工件表面无油污，无盐酸活化后酸性残留液，在碱性（pH 为 9～10）条件下电镀铜。为提高镀件整平性能，可加入特种添加剂，电流密度扩大至 3 A/dm^2。

④亚硫酸盐镀金替代氰化物的镀金工艺。该方法适用于装饰性电镀金工艺，电流效率高，镀层细致光亮，沉积速度快，孔隙少，镀层与镍、铜、银等金属结合力好。镀液中如果加入铜盐或钯盐，硬度可达到 350 HV。

⑤三价铬电镀。采用三价铬电镀代替六价铬电镀，适用于装饰性电镀铬工艺，采用

了氨基乙酸体系和尿素体系镀液，镀层质量、沉积速度、耐腐蚀性、硬度和耐磨性等都与六价铬镀层相似，且工艺稳定，电流效率高，节省能源，同时还具有微孔或微裂纹的特点。三价铬镀液毒性小，可有效防治六价铬污染，对环境和操作人员的危害比较小。

⑥纳米合金复合电镀替代功能性电镀铬工艺。通过电沉积的方法，在镍-钨、镍-钴等合金镀液中添加经过特殊制备、分散的纳米铝粉材料，合金与纳米材料共沉积于钢铁基件，生成纳米合金复合镀层。

⑦锌镍合金镀层部分替代镀镉工艺。该方法适用于汽车部件的部分替代电镀镉工艺。锌镍合金镀层的防护性能优良，具有高耐磨性，且无重金属镉的排放，但仍需进行适当的钝化处理。

4.2 加强过程控制

①定期检查各车间排放口排放水量与废水处理站进水量是否一致，检查废水处理站进水水质。通过核对车间用水记录，分析取水量、废水排放量的关系（废水排放量可以估算为新鲜水量的 0.8～0.9 倍），判断是否存在跑冒滴漏现象；根据废水处理装置进口泵功率，检查装置进口水量，分析车间主要生产废水是否全部收集；根据台账记录，检查进口各污染物浓度。

②完善废水处理工艺。各类废水要分质处理，含氰废水、焦磷酸铜废水以及含络合物的废水应进行预处理，含铬废水、含镍废水应单独收集处理；选择恰当的处理工艺类型，建设与生产能力配套的废水处理设施，保障废水稳定达标排放；废水处理使用的构筑物进行防渗、防腐处理（一般采用环氧树脂+玻璃纤维布）。

③检查各类设备运行状态。每日的废水进出水量、水质，环保设备运行、加药及维修记录等需要记录齐全；依据耗电量判断废水污染防治设施运行情况；依据污泥产生量，判断废水污染防治设施运行情况；确保 pH 计、重金属监测仪、ORP 测试仪、液位计、流量计等仪器仪表数据显示在合理的工艺参数范围内，确保无损坏情况。

④定期检查出水水量和水质。检查废水处理站出口水量及水质的达标排放情况，排放口水量与废水处理设施进水流量（扣除回用水量）需保持一致；定期更新废水监测报告；用 pH 试纸监测废水排放口 pH 值，采样进一步监测氰化物、铬、镍等污染物；实时监测生活污水或雨水管网废水 pH 值；对于铬、镍、镉等第一类污染物，废水监测时一律

在车间或车间处理设施排放口采样。

⑤鼓励企业实施清洁生产，开展强制性清洁生产审核。根据工业和信息化部《印制电路板行业规范条件》要求，清洁生产指标达到《清洁生产标准印制线路板制造业》（HJ 450—2008）中三级水平。其中废水产生量指标应达到二级水平，并鼓励取得一级及以上水平。

⑥采用自动化生产线。工业和信息化部《印制电路板行业规范条件》要求，清洁生产指标达到《清洁生产标准印制线路板制造业》（HJ 450—2008）中三级水平。其中废水产生量指标应达到二级水平，并鼓励取得一级及以上水平。

4.3 提升污染治理水平

①检查废气来源，依据废气主要污染物成分配备相应处理设施。根据各废气产生环节处理工艺类型，须配备与污染物产生负荷相匹配的处理设施，使废气达标排放。粉尘处理应当配套除尘设备，一般采用袋式除尘器；酸碱废气应当配套中和处理设施，装置中配有吸收液或干式吸附剂（酸性废气可使用 SDG 酸性干式吸附剂）；铬酸雾一般采用铬酸雾回收净化装置进行处理，利用格网将冷却凝结的铬雾截留；含氰废气一般采用吸收氧化法进行处理，吸收剂可用硫酸亚铁或氯系氧化剂，在碱性状态下吸收、氧化氰化物。

②生产车间各生产线产生废气的环节应设置独立的废气收集罩，废气收集率达到90%以上。铬酸雾、氮氧化物废气、含氰废气、氟化氢废气、氰化氢废气、含氨废气、有机废气等废气根据废气性质应设置独立的废气收集系统，并单独进行处理。不应将含氨和硝酸、盐酸、氟化氢废气混合收集，不应将含氰废气和酸性废气混合收集。

③酸碱废气、含氰废气及有后续化学处理设施的铬酸雾处理系统均会产生废吸收液，应由管道收集进入相应的废水处理设施进行处理；湿式除尘器循环水也应进入废水处理站进行处理。

④各类废气处理设施出口处应按要求安装在线监测设备，对主要废气污染物进行在线监测，处理达标后的废气排入每栋厂房配建的废气排放管道（管井）；废气采样口的设置应符合《固定污染源烟气排放连续监测技术规范》（HJ 75—2017）要求并便于采样监测。排气筒高度不低于 15 m，排放含氰气体的排气筒高度不低于 25 m，排气筒高度应高

出周围 200 m 半径范围的建筑 5 m 以上。

⑤企业生产车间不得采用抽风扇或打开门窗的方式将车间内废气直接向外排放，应经收集处理达标后排放，涉及挥发性有机物（VOCs）产生的生产线必须全密闭。

⑥对于常用的布袋除尘器，需定期检查是否有破袋、缺袋现象，完善更换布袋记录；湿式除尘器定期清灰；铬酸雾处理装置过滤网定期更换（一般使用寿命为 1.5～2 年）。

⑦企业应采用多级间歇逆流清洗、多级间歇倒槽、多级间歇喷淋清洗、多级间歇喷雾清洗等清洗方式，提高工业用水重复利用率，促进废水回收利用。企业生产线或车间安装用水计量设备，电镀企业用水重复利用率不低于 60%，线路板企业用水重复利用率不低于 45%。

⑧危险废物贮存场所的建设和管理应符合《危险废物贮存污染控制标准》（GB 18597—2001）中相关要求。危险废物不得露天堆放，贮存场所必须采取防腐、封闭措施，并设置危险废物识别标志。其他固废应安全分类存放，防止扬散、流失、渗漏或者造成其他环境污染。

⑨危险废物应交由有危废处理资质的单位处置。企业应持有危险废物转移联单，转移联单记录的转移量应与危险废物管理台账和排污申报量一致；危险废物存放不得超过 1 年。

⑩车间产生噪声的设施或设备应采取有效阻隔、减振等降噪措施，厂界噪声必须达到《工业企业厂界环境噪声排放标准》（GB 12348—2008）相应标准要求。

4.4 加强设施运行管理

①污染防治设施确保正常使用。企业污染防治设施按照计划需要拆除、闲置或因检修暂停使用的，应提前 10 个工作日向生态环境部门书面报告；检修期间，产生污染物的工序不得生产使用；因突发故障不能正常运行的，应当及时采取措施修复，并在 24 小时内向生态环境部门报告，报告要说明故障原因、采取措施等。

②应根据实际生产工况和治理设施的设计标准，建立相关的各项规章制度以及运行、维护和操作规程，明确耗材的更换周期和设施的检查周期，建立主要设备运行状况的台账制度，保证设施正常运行。

③推进生产设施与污染防治设施“分表计电”。企业的每套污染治理设备及其对应的

生产设施均应独立安装智能电表，并与地区重点企业在线督查系统联网。智能电表需具备运行状态、实时电压、电流、功率数据采集上传功能，确保生产工艺设备、废气收集系统以及污染治理设施同步运行。

④检查各类设备运行状态。每日的废水进出水量、水质，环保设备运行、加药及维修记录等需要记录齐全；依据耗电量判断废水污染防治设施运行情况；依据污泥产生量，判断废水污染防治设施运行情况；确保 pH 计、重金属监测仪、ORP 测试仪、液位计、流量计等仪器仪表数据显示在合理的工艺参数范围内，确保无损坏情况。

4.5 环境管理要求

①新建、改建和扩建电镀项目，应依法进行环境影响评价。环境影响评价文件应由建设单位按规定上报有审批权的生态环境主管部门审批，取得环评审批手续。建设单位必须在取得环评手续后方可开工建设。

②项目的性质、规模、地点、采用的生产工艺和防治污染的措施等应与环境影响评价文件或环评审批文件一致。建设项目的性质、规模、地点、采用的生产工艺或者防治污染、防治生态破坏的措施发生重大变动的或建设项目的环境影响评价文件自批准之日起超过 5 年方开工建设的，应当重新报批环境影响评价文件。

③加强生产现场环境综合管理，雨水、循环水、污水分流；厂区污水收集、处理和排放系统等各类污水管线要设置清晰，并根据接触介质采取防渗、防漏和防腐措施；杜绝生产过程中的跑、冒、滴、漏现象；生产车间地面须采取防渗、防漏和防腐措施。

④企业符合环保法律法规要求，依法获得排污许可证，并按照排污许可证的要求排放污染物；定期开展清洁生产审核并通过评估验收。

⑤企业应配备有废气净化装置，废气排放符合国家或地方大气污染物排放标准。

⑥企业有合格废水处理设施，电镀企业和拥有电镀设施企业经处理后的废水符合国家《电镀污染物排放标准》（GB 21900—2008）有关水污染物排放限值要求或地方水污染物排放标准，排放的废水接受公众监督；其余纳入本规范条件的企业符合《污水综合排放标准》（GB 8978—1996）或地方水污染物排放限值要求。

⑦企业产生的危险废物按照《国家危险废物名录》和《危险废物贮存污染控制标准》（GB 18597—2023），设置规范的分类收集容器进行分类收集，并按照《危险废物转移联

单管理办法》要求，交由有处置相关危险废物资质的机构处置，鼓励企业或危险废物处理机构进行资源再生或再利用。

⑧厂界噪声应符合《工业企业厂界噪声标准》（GB 12348—2008）要求。

⑨属于国家重点监控源的企业应开展自行监测并按照《国家重点监控企业自行监测及信息公开办法（试行）》（环发〔2013〕81 号）要求，在生态环境主管部门组织的平台上及时发布自行监测信息。

5 电镀行业源头削减技术

5.1 代氰电镀技术

5.1.1 氯化钾镀锌代替氰化物镀锌

钾盐镀锌溶液不含络合剂，废水处理容易，对设备腐蚀性小，电流效率高，镀液稳定，镀层整平性和光亮度好，可在铸铁零件和高碳钢上直接电镀。镀液的质量管理是减少镀层缺陷的主要环节和保证镀层具有稳定高耐蚀性的关键。

氯化钾镀锌较氰化物镀锌耐蚀性差，原因主要是分散能力差、钝化膜易脱落、镀层含有杂质较多，镀层结构有缺陷。若在生产过程中，提高镀液的分散能力和覆盖能力，可使镀层尽可能趋于均匀。通过加强镀液的质量管理，尽可能减少镀层缺陷，氯化钾体系镀锌可以得到比氰化物体系镀锌、锌酸盐体系镀锌外观更加美观、耐蚀性更高的镀层，而且加工成本没有提高。

目前我国钾盐镀锌工艺研究应用达到了国际先进水平，工艺已经相当成熟，是当前大力推广的无氰镀锌工艺之一。

5.1.2 锌铁合金滚镀取代氰化滚镀锌

锌系合金电镀镀层防护性能比普通镀锌高3～5倍，是众多取代含氰镀锌工艺中的首选。其工艺流程如图5-1所示。

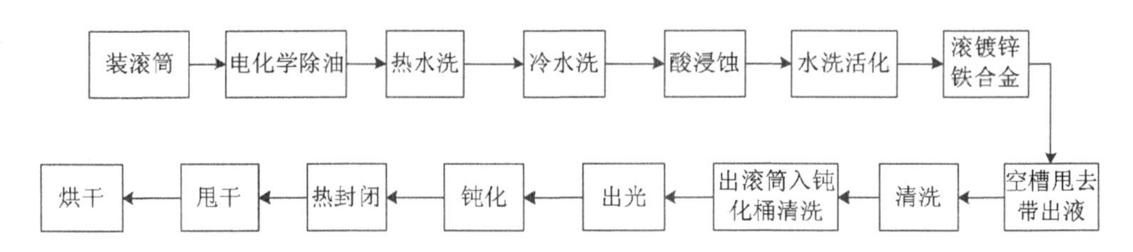

图 5-1 锌铁合金滚镀工艺流程

与氰化物镀锌比较，锌铁合金电镀防护性能更优，电流效率高，电流密度较小，沉积速度较快，生产效率更高。氰化锌滚镀自动线只承担镀前处理与滚镀，出光与钝化为线外人工操作，劳动强度大；而锌铁合金滚镀自动线可将前后处理连为一体，只需增加一台行车为后处理服务。锌铁合金电镀成本低，国外应用广泛，除用于汽车工业外，日本已基本取代了镀锌，国内主要用于取代普通镀锌。

此外还有酸性硫酸盐镀铜在装饰镀方面替代氰化镀铜液，应用已较为成熟和广泛。

5.2 三价铬代六价铬电镀技术

三价铬电镀是最重要、最直接有效的代替六价铬电镀的工艺，无论从工艺性能还是环境保护上都比六价铬电镀具有无可比拟的优越性。与六价铬镀铬工艺相比，三价铬镀液污染比较少，其毒性仅为六价铬的 1%，电镀时不产生有害的铬酸雾，且镀液浓度低，污水处理简单，只要将废水 pH 调到 8 以上，即沉淀出 $Cr(OH)_3$；在相同电流密度下，三价铬电沉积速度可达到六价铬的 2 倍，且其镀液分散能力、覆盖能力比铬酸镀液好，光亮电流密度范围比较宽，适合于形状较为复杂的零件镀铬；电流效率比六价铬镀铬高，可达到 25%；可在锌、锌压铸件或钛上直接镀铬，也可进行滚镀铬；镀液可在常温工作，节约能源；镀层为不连续微裂纹铬，耐蚀性高于铬酸镀铬，硬度不低于铬酸镀铬层；电流密度范围宽，为 0.15～100 A/dm^2；不受电流中断的影响。

但是，三价铬镀铬工艺生产出的三价铬镀铬层厚度不能超过 3 μm，只能用作装饰镀铬，无法用于硬铬或其他功能镀层；镀层发乌光，没有铬酸镀层的微蓝色；由于铬是多价态，在生产过程中镀液中的 Cr^{3+}容易被氧化成 Cr^{6+}，毒害镀液，镀液稳定性尚需提高；镀液对杂质比较敏感，管理维护比较严格；生产成本比较高。三价铬电镀时，由于阳极氧化反应会产生六价铬离子，导致镀液稳定性变差，使用时间缩短，因此，要严格控制六价铬离子的生成。

5.3 代镉电镀技术

5.3.1 电镀锌镍合金代镉电镀

镉的毒性极大，易被人体吸收并积累，导致疾病发生，因此国外基本上限制了镀镉工艺。镀镉层属于阳极性镀层，对钢铁基本具有电化学保护作用，能有效保护海洋性气候下的钢铁基体。锌镍合金镀液主要有两种类型：一种是弱酸性体系，较早使用，镀液成分简单，阴极电流效率高，镀液稳定，易于操作；另一种是碱性锌酸盐镀液，是近几年发展起来的，镀液的分散性能好，具有较宽的电流密度范围，镀层合金成分比例较均匀，对设备腐蚀性小，工艺稳定，成本较低。

锌镍合金镀层是一种新型的防护性能优良的镀层，适合在恶劣的工业大气和严酷的海洋环境中使用。镍含量影响镀层的耐蚀性能，通常使用镍含量为7%～18%的锌镍合金，这种合金对钢铁基体来说是阳极性镀层，能起到电化学作用。锌镍合金镀层具有高耐性，但仍需进行适当的钝化处理，否则表面还是容易氧化和腐蚀，破坏镀层的外观和使用性能，其钝化处理可分为彩色钝化、黑色钝化和白色钝化。锌镍合金镀层在耐腐蚀性、低氢脆性等方面基本和镉镀层性能接近，在航空、航天、汽车、机械等行业发挥了重要的作用，同时彻底消除了镉对环境的污染。

5.3.2 电镀锌铁合金代镉电镀

代镉电镀锌铁合金常用的镀液有碱性镀液、硫酸盐镀液、氯化物镀液、磷酸盐镀液等，各有优缺点，可根据材料零件酌情选用。电镀锌铁合金镀层可根据含铁量分为高铁合金镀层（含铁7%～25%）和低铁合金镀层（含铁0.3%～0.6%）。

高铁合金镀层耐蚀性好，但难于钝化处理，一般作汽车钢板的电泳涂层底层。低铁合金镀层易于钝化处理，耐蚀性还可大大提高，经黑色钝化后具有很高的耐蚀性。电镀锌铁合金镀层成本较低，工艺简单。对于含低铁的锌铁合金镀层，进行钝化处理可以进一步提高镀层的耐蚀能力。钝化膜的颜色一般分为黑色、彩色、白色，其中黑色钝化膜的耐蚀性能最强。

5.3.3 电镀锌钴合金代镉电镀

电镀锌钴合金镀层镀液主要有四种体系：氯化物型、硫酸盐型、氯化物-硫酸盐混合型和碱性锌酸盐型，研究应用最多的是氯化物型，近几年碱性镀液发展较快，其应用也越来越广泛。

锌钴合金镀层的耐蚀性和镀层中的钴含量有关，随钴含量增加耐蚀性提高，但超过1%时，提高相对较慢，因而生产中广泛应用的是含钴 0.6%～1%的锌钴合金镀层。钴含量为 20%左右的锌钴合金镀层外观光亮，与铬镀层相似，可作为装饰性镀层来应用。

5.3.4 柠檬酸盐电镀锡锌合金代镉电镀

柠檬酸盐电镀液应用较多，该镀液比较稳定，镀层中锡锌含量容易控制，锡锌合金镀层对钢铁基体来说是阳极性镀层，具有电化学保护作用，在化学稳定性方面也能超过或相当于昂贵且有毒性的金属镉。

这种合金镀层还可以进行抛光，并能保持长久不变色，不易产生白色腐蚀物，是比较理想的防护装饰性合金镀层。含锌量为 20%～30%的锡锌合金镀层耐蚀性最高。如果合金镀层中含锌量过多，则镀层性质与锌镀层相似，若含锡量过多，镀层空隙率增加，则性质与锡镀层相似。锡锌合金镀层结晶细致、无孔隙，镀层经钝化处理可进一步提高其耐蚀性。锡含量高的镀层钝化处理比较困难。

5.4 替代电镀的清洁生产技术

5.4.1 达克罗涂层涂覆技术

达克罗技术由美国化学联合公司于 20 世纪 70 年代初期研究开发，1993 年引进我国，国内称为锌铬膜。达克罗技术问世后，由于它具有许多传统电镀无法比拟的优点而被迅速推向世界，被誉为表面处理行业具有划时代意义的革命性产物，被称为绿色的表面处理技术。

达克罗涂层的制备工艺流程见图 5-2。整个处理过程有三个重要的质量控制点，即前处理、涂覆、烘烤。

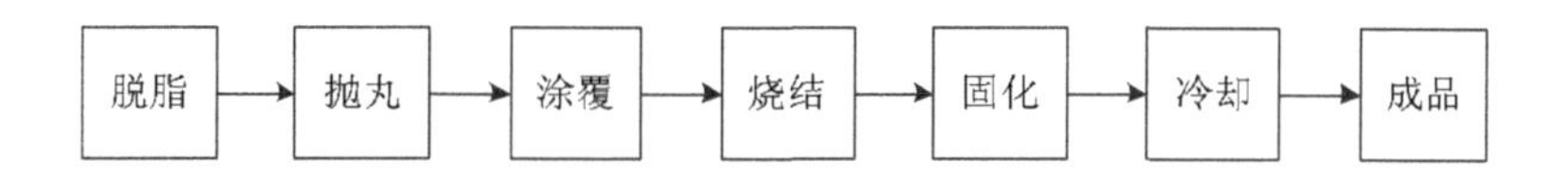

图 5-2 达克罗涂层涂覆技术工艺流程

达克罗技术的应用范围很广，不但可以处理钢铁、合金，还可以作为烧结金属及特殊材料的表面处理。达克罗涂层具有超常的耐蚀性、极佳的耐热性、无氢脆、良好的装饰性、优异的渗透性、污染小且节能等优点。其不足主要为导电性不好，不宜用于导电连接的零件；涂层表面硬度不高，抗划伤能力不强；且其结合力受到一定限制，经过达克罗加工的工件如弯曲幅度较大，会造成膜层的脱落，影响工件的防腐能力。

5.4.2 交美特涂层技术

交美特涂层是为 VOCs 减排法规和汽车行业规定的环保要求而开发出的新的表面处理新技术。同达克罗一样，采用常规的浸渍→喷涂或浸渍→沥液→离心的涂覆工艺，通过调整涂覆过程的工艺参数可以得到不同的涂层厚度，经涂覆后的零件在 274～316℃（此为金属零件温度峰值）下烘烤 15 min 形成交美特膜层。交美特涂层具有涂层薄、无氢脆、抗双金属腐蚀、耐有机溶剂、耐热、耐腐蚀等优点，并且交美特与达克罗在涂覆生产线设备上是通用的，在对零件进行前处理以后，其固化温度范围较宽。

交美特涂层已经发展成为能够满足工程上对耐蚀、减磨以及其他功能需求的系列化涂层体系，具备了全面取代达克罗涂层的能力。交美特作为达克罗的更新换代产品，继承了达克罗高抗蚀、无氢脆、涂层薄的特点，有效避免了 Cr^{6+}的产生，且表面涂层附着更好，不易脱粉。

6 电镀行业过程控制技术

6.1 闭路循环逆流清洗技术

实行闭路循环是指电镀液与清洗水在系统中循环使用，不向系统外排放。闭路循环废水处理系统能最大限度地节约用水，减少排污和回收利用物质，是废水处理技术的发展方向。电镀系统通过逆流清洗可把用水量大幅度减下来，再运用其他分离、浓缩手段把物质回收利用，实现闭路循环。

根据镀液的损耗量和清洗水量的平衡关系，逆流清洗闭路循环分为自然闭路循环和强制闭路循环两种。当镀槽液的损耗量大于或等于清洗水量时，则没有排水，可以保持自然闭路循环；当清洗水量大于镀液的损耗量时，那么补充镀液后多余的水要向外排放，如不外排，实际生产中应采取强制手段，如浓缩、分离等技术，称为强制循环。

逆流清洗闭路循环系统主要有以下几种。

①逆流清洗—阳离子交换系统。是以逆流清洗为主的系统，在逆流清洗基础上，应用阳离子交换树脂将第一级清洗废水分离处理，处理后的清水回用于镀槽，补充镀液的损耗；连续逆流清洗适用于生产批量大、用水量较大的连续生产车间。特点是比一般的并联清洗系统省水，各槽间水是以重力方式连续逆流补给，不需要动力提升；间歇逆流清洗适用于间歇、小批量生产的电镀车间。

②逆流清洗—阳离子交换—蒸发浓缩系统。该系统适用于水量较大的场合，通过蒸发浓缩装置将第一级清洗槽液浓缩，浓缩液补充回镀槽，蒸馏水返回末级清洗槽循环使用。该系统的优点是能有效地回收水及镀液，比较经济简单，缺点是蒸发浓缩要消耗能量，离子交换树脂饱和后需进行再生处理。

③逆流清洗—反渗透系统。在逆流清洗基础上，应用反渗透装置将第一级清洗水过

滤，用高压泵打入反渗透器，经反渗透处理浓缩液回用于镀槽，淡水返回末级清洗槽循环使用。反渗透技术在分离浓缩过程中，不消耗化学药品，不产生废渣，无相变过程，是一种经济简便、可靠性高、无二次污染的先进技术。该技术在处理电镀镍清洗废水和镀铬清洗废水上得到了成功应用，另外对含 Zn^{2+}、Cu^{2+}废液也有令人满意的效果。

④槽边循环化学清洗法。该方法又称 Lancy 法，是在电镀生产线的镀液槽后面设置一台化学清洗槽和一台清洗水槽。镀件带着附着液进入化学清洗槽时，附着液中的化学物质与化学清洗槽中的化学物质发生反应（如氧化、还原、中和、沉淀等反应）转变成无污染的物质。镀件进入下一道清水槽时，表面基本上无污染物质，清洗水可以循环利用。化学清洗槽中含有大量的化学药品，可以保证每一次进行化学清洗时，化学反应达到完全，在化学清洗槽中沉淀的重金属盐，可以分离回收。此种清洗方法适用于六价铬镀铬、氰化物电镀铜、镀镍、镀锌等工艺过程。

6.2 间歇逆流清洗技术

间歇逆流清洗技术是对电镀过程中的清洗废水定期进行全翻槽处理，该方法可实现无废水排放电镀生产。对清洗废水进行定期全翻槽，需首先确定全翻槽的周期。通常一班制电镀生产，其全翻槽周期选一个月。二班制或三班制电镀生产则选半个月作为全翻槽周期。这就是说采用某种镀件清洗方法，任何时候，在连续电镀生产半个月到一个月内，无需补充水的同时，还要求最后一级镀件清洗槽液里的镀液含量始终低于用户选定的镀件清洗质量标准。当电镀生产到了全翻槽周期时，逐级向前全翻槽一次。即把第一清洗槽液全部打到（注入）备用槽，把第二清洗槽液全部打到第一清洗槽，以此类推，在最后一个空槽中加满水，就可继续电镀一个翻槽周期。在下一个全翻槽周期中，根据镀液蒸发消耗情况，每 24 h 用备用槽液补充一次镀液消耗，直至在新的全翻槽周期到来之前，全部补充到镀液中去，循环使用。

实践和计算都证明，当镀液工作温度在 45℃以上时，在一个全翻槽的周期里，可把备用槽液全部补充到镀液中去。若不够补充，可采用手工逐级向前局部翻槽的方式补充镀液消耗。如果槽液工作温度是室温，则需采用常规的加热浓缩方法，使备用槽液在一个全翻槽周期里全加入镀液中。如果镀液工作温度介于两者之间，就视备用槽液剩余量而改变加热的时间和温度，以备用槽液全部补充到镀液中为准。

6.3 低浓度电镀工艺

6.3.1 低浓度镀铬

稀土低浓度低温度添加剂镀铬技术，成功解决了电镀低浓度镀铬的问题。镀铬液中稀土金属的加入，增加了镀铬电镀液中阴极区的 pH 值，提高了阴极电流效率，克服了由于镀液浓度低而造成的槽电压升高的现象，同时极化度也有所提高，因此，镀液的均镀能力和深镀能力均得到改善。

低浓度镀铬工艺的优点是低温、低浓度、低电流密度、低污染，从而使工作环境大为改善，工艺范围宽而稳定，其显著优点是铬酸消耗大为减少，同时镀铬废水和废气中铬的含量也会降低，既减少了环境污染又降低了生产成本。

6.3.2 低浓度铬酸钝化/无铬钝化技术

20 世纪 70 年代初，国内开展了镀锌低铬酸化工艺的研究，将铬酸的含量降至 5～10 g/L。邮电部第十研究所完成镀锌超低铬酸彩色钝化工艺，其铬酸含量降低到 2 g/L 以下。电镀废水中的污染物是镀件从镀槽（或其他处理槽）带出的槽液中的物质，带出物质的量与槽液的浓度成正比。为此，采用低浓度的槽液，可使铬酸消耗大为减少，节约资源，减少污染。钝化 1 m^2 工件，原有工艺从铬酸含量 210 g/L 的钝化液中带出的铬酸量为 9 g 左右，而该工艺仅带出铬酸 0.043 g；钝化液废水中铬酸含量可由 70～80 mg/L 下降到排放标准的浓度。

当前我国无铬钝化主要分为无机盐类、有机化合物类、无机与有机化合物复合钝化。无机盐类钝化主要有钼酸盐钝化、钨酸盐钝化、硅酸盐钝化和稀土金属盐钝化。有机化合物类钝化主要有植酸钝化、有机硅烷钝化、树脂钝化和单宁酸钝化。目前，国内外对无铬钝化的研究已经取得了很大的进展，某些无铬钝化工艺的耐腐蚀性已经接近了铬酸盐钝化工艺。但无铬钝化体系的机理研究不是很完整，有待进一步研究。

6.4　无氰镀锌技术

无氰镀锌工艺是无氰电镀中最为成熟的工艺之一，依据不同的需要和所采用的不同技术，无氰镀锌分为碱性、中性（弱酸性）、酸性三大系列。其中碱性镀锌的性能与氰化物镀锌最为接近。碱性镀锌是以锌酸盐为主的无氰镀锌工艺，基本成分是氢氧化钠和氧化锌，通过添加有机胺、醛改善分散能力和镀层的韧性。氯化物弱酸性镀锌是另一重要的无氰镀锌技术，以添加光亮剂为特征，分铵盐型和钾盐型两大类。钾盐镀锌在我国应用广泛，滚镀大多选用氯化钾镀锌工艺。钾盐镀锌的光亮度很高，但分散能力比碱性镀锌差一些，且镀后钝化性能稍逊碱性镀锌，脆性偏大，现在主要用于日用五金零件电镀中。硫酸盐镀锌工艺在线材电镀中应用较广，这也得益于电镀添加剂技术的进步。

实践表明，无氰镀锌技术在镀液性能如均镀性、电流效率、耐大电流冲击、光亮区范围及锌层理化性能如耐蚀性、延展性等方面都能达到工业制品质量需要，且工艺过程不使用氰化物，减少了含氰污染物的排放。在电镀行业，氯化物镀锌技术已占电镀锌工艺约 90%。

目前，无氰镀锌工艺在厚镀锌层的镀层性能上还达不到氰化镀锌水平，须严格控制工艺参数。无氰镀锌工艺添加剂中由于胺、络合剂和表面活性剂类物质的添加，应注意氨氮、化学需氧量（COD）及重金属等污染物对水处理的影响。

6.5　无氰镀铜技术

无氰镀铜有焦磷酸盐镀铜、碱性无氰镀铜和酸性无氰镀铜，都有成熟的工艺应用在行业中。其中酸性无氰镀铜工艺适用于钢铁、铜、锡基质工件直接镀铜，在 pH 为 1.0～3.0 的酸性溶液条件下，为钢铁工件电（或化学）镀铜。镀液由五水硫酸铜、阻化剂、络合剂和还原剂等组成。其原理是选择适合酸性镀铜液的酸盐与阻化剂合理配位，抑制铜离子与钢铁的置换反应；以葡萄糖等组成的复合还原剂，使二价铜离子在金属表面形成镀层而不是置换层，使工件基体与镀层结合牢固；组合络合剂使酸性镀铜液产生的有害成分和带入的杂质有效分离沉淀，从而获得结合力牢固的镀铜层。该技术镀层结晶细致牢固、工艺稳定、电流效率高、沉积速度快，镀液稳定，质量可靠，电镀成本低，操作简单。镀液不含氰化物、甲醛及强络合剂等有害成分，生产中无有毒、有害气体挥发。使用无氰酸性镀铜-酸性硫酸铜工艺组合、喷砂-无氰酸性镀铜工艺组合应注意控制镀层结合力风险。

6.6 纳米复合电镀技术

通过电沉积的方法，在合金电镀溶液中添加经过特殊制备、分散的纳米材料，合金与纳米材料共沉积于镀层，生成纳米合金复合镀层使其性能得到改善。目前，通过电沉积法已经得到了40多种纳米复合镀层，例如Ni-Cu合金、Ni-Mo合金、Ni-W合金及Ni-W-P合金等。Ni-W-P合金镀层具有高的热稳定性、良好的可焊性、耐磨性和耐蚀性，可用于微电子电路，还有良好的催化析氢特性。哈尔滨工业大学研发的Ni-Co-B纳米晶合金电镀工艺，其镀层表面致密，硬度高于硬铬镀层，达1 087 HV50，耐蚀性与硬铬镀层相当。纳米复合电镀技术工艺简单，可自动化控制，电流效率达80%，材料利用率大于95%，但成本稍高，是有望替代镀硬铬的关键技术之一。

6.7 电镀废气抑制相关技术

6.7.1 铬雾的抑制

镀铬的电流效率低，在生产过程中产生大量氢气和氧气。由于镀液的表面张力大，氢气气泡和氧气气泡逸出时带有大量能量，液面破裂时，把液膜剧烈地撕裂分散成极细的雾飞溅到大气环境中。在镀铬槽液加温过程中，会有溶液蒸发，此时带出大量铬酸，形成铬酸雾。铬酸雾的抑制通常使用铬雾抑制剂或是在槽液表面加一层耐铬酸的聚乙烯或聚氯乙烯空心塑料球，起到抑制铬雾的作用。此法用于镀硬铬时较有效，对于频繁进出槽的装饰性镀铬效果不好。

6.7.2 碱雾的抑制

①通常采用中低温化学除油工艺，许多电镀原辅材料厂家都可提供不同用途的中低温化学除油药剂，可根据实际情况选用。

②添加碱雾抑制剂。碱雾抑制剂成分主要以表面活性剂为主，一般都含有 OP 乳化剂和十二烷基硫酸钠，使用抑雾剂须注意少加、勤加，若需去除抑雾剂，可用活性炭处理。

6.7.3 氮氧化物废气的抑制

采用不加硝酸的化学处理新工艺，若配方中不含硝酸，便可从根本上消除氮氧化物废气的产生。目前，国内已开发了不少不用硝酸的化学处理替代工艺，如铝件化学抛光，只用硫酸和磷酸，再加上少量专用添加剂，添加剂可选用 AP-1 铝件无黄烟抛光剂。

抑制氮氧化物气体的产生通常有以下两种方法：

①化学氧化法。在溶液中加入双氧水及高锰酸钾等强氧化剂，可将亚硝酸氧化为硝酸，从而切断了亚硝酸生成氮氧废气的反应渠道，因而可抑制氮氧化物废气的产生。

②化学还原法。在含有硝酸的酸洗或抛光液中，加入弱还原剂，将有毒的氮氧化物气体还原成无毒无害的惰性气体。常用的还原剂有亚硫酸盐、氨基磺酸及尿素等。

6.7.4 酸雾的抑制

在一些工艺槽溶液中投加一些表面活性剂，利用表面活性剂的发泡性，达到抑制酸雾等污染物逸出的作用，也可在溶液表面加入一层塑料空心球起到阻挡酸雾逸出的作用。

钢铁件的酸洗通常采用盐酸和硫酸，铜件的酸洗多采用硝酸与硫酸的混合酸，对于酸洗产生的酸雾，在不影响操作时，可以在槽液表面加入一层塑料空心球起到阻挡酸雾逸出的作用。对于加温的硫酸槽液，由于溶液的黏度较大且温度较高，加入少量十二烷基硫酸钠，利用酸洗时产生的氢气及其搅拌作用，能在溶液表面产生较厚的泡沫，从而起到较好的抑制酸雾作用。室温环境下用盐酸退锌镀层、退镉镀层时，由于会产生较多气泡，搅拌作用较强，因此加入少量十二烷基硫酸钠也可起到较好的抑制酸雾作用。

在用混酸对铜件进行酸洗或进行工件退铜、退镍处理时，会产生大量氮氧化物，此时在溶液中投加少量尿素，可起到化学抑制作用。

7 电镀行业末端治理技术

7.1 电镀废水处理技术

7.1.1 含氰废水处理技术

（1）碱性氧化法

目前使用较多的是碱性氧化法，它分为一级处理法（不完全氧化）和二级处理法（完全氧化）。

基本工艺流程：

处理程度：可分为一级处理和二级处理。

处理方式：可分为间歇、连续和槽内处理。

①间歇式一级处理流程，见图 7-1。

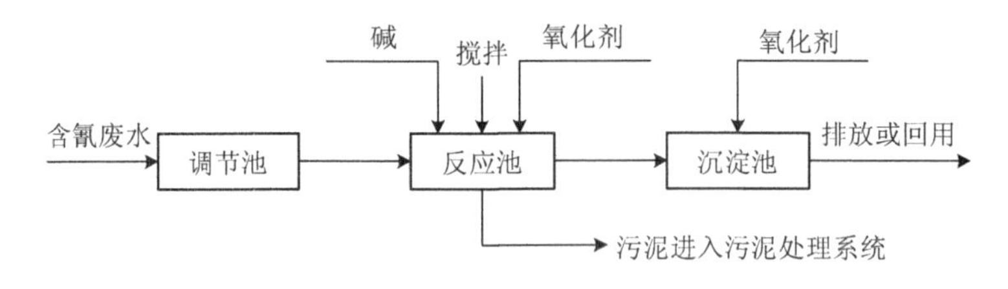

图 7-1 间歇式一级处理流程

适用范围：小水量，废水浓度日变化较大的情况。

特点：出水水质有保证，处理设备较简单，处理灵活方便，当有难处理的污染物质时，可以适当延长处理时间。

②连续式一级处理流程，见图 7-2。

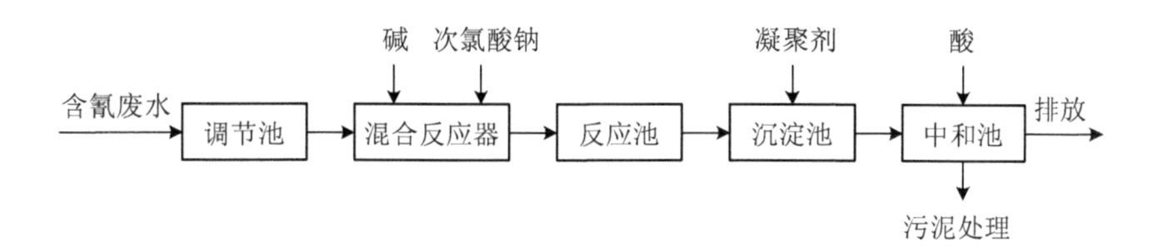

图 7-2 连续式一级处理流程

适用范围：大水量，废水浓度变化不大，管理水平较高，并设置自动控制系统的情况。

特点：操作工人劳动强度小，破氰效果好，但自动控制系统维护严格，设备复杂。

③连续式二级处理流程，见图 7-3。

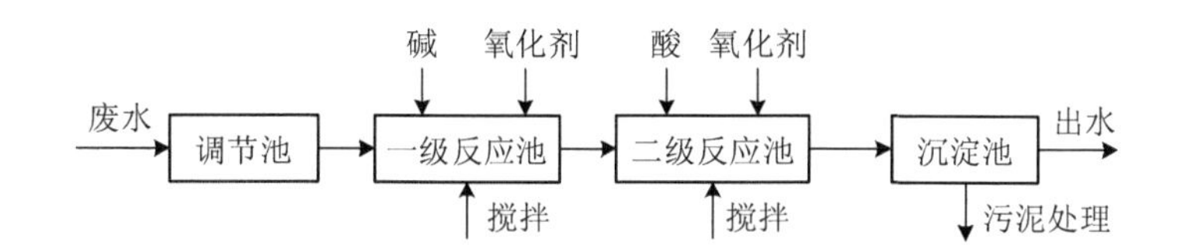

图 7-3 连续式二级处理流程

适用范围：对排水有严格要求，氧化剂的投药量和 pH 控制必须有自动控制作为保证的场合。

特点：处理氰化物彻底。

④槽内处理。槽内处理法是利用化学清洗液（次氯酸钠溶液）把镀件上带出的溶液洗去，并且与清洗液发生化学反应生成无毒或低毒的物质，然后用水清洗镀件，此时的清洗水可达标排放，失效的化学清洗液经处理后循环使用或排放。

特点：把电镀生产和废水处理融为一体，使氰在没有污染前就进行了化学处理。处理药剂利用率高，效果稳定，操作管理方便，节约大量清洗水。但该方法占用生产面积，增加了操作工序，提高了劳动强度。

（2）电解食盐水法

①基本工艺流程。

电解食盐水法处理电镀含氰废水的工艺流程和碱性氧化法的工艺流程是相似的，不同之处在于氧化剂的来源方式不同，电解食盐水法利用电解的原理制取次氯酸钠，因此它有一套电解装置。工艺流程见图 7-4。

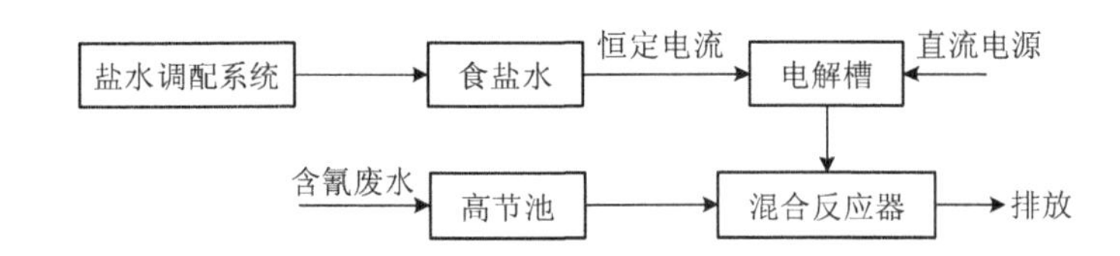

图 7-4 电解食盐水法处理工艺流程

②基本工艺参数。

a. 阳极材料：要求采用不溶性材料，国内采用较多者有钛基涂二氧化铅。

b. 阴极材料：一般采用不锈钢。

c. 阳极电流密度：8～15 A/dm^2

d. 盐水浓度：30～40 g/L；流量 25 L/h

e. 槽电压：3～4 V

f. 生产 1 kg 次氯酸钠耗电量：4.5～6.5 kW·h

g. 生产 1 kg 次氯酸钠耗盐量：4.0～6.0 kg

（3）臭氧处理法

臭氧处理电镀含氰废水，其原理和碱性氯化法相似，臭氧首先将氰根氧化成氰酸根，然后在过量氧化剂的作用下继续氧化成 N_2 和 HCO^{3-}。

用臭氧处理电镀含氰废水，关键在于臭氧发生器本身和气—液反应器。目前臭氧发生器设备昂贵、电耗大、运行成本高，同时缺少高效的气—液反应器，臭氧利用率低，影响了该技术的推广运用。随着技术的发展，如果臭氧的生产成本得以降低，相信该技术会有很好的前景。

（4）活性炭处理法

在含氰废水中，如果有足够的溶解氧，并有铜离子存在，用活性炭处理含氰废水有如下反应：

$$2CN^- + O_2 \longrightarrow 2CNO^-$$

$$CNO^- + 2H_2O \longrightarrow HCO_3^- + NH_3$$

$$HCO_3^- + OH^- \longrightarrow CO_3^{2-} + H_2O$$

$$2Cu^{2+} + CO_3^{2-} + 2OH^- \longrightarrow CuCO_3 \cdot Cu(OH)_2$$

含氰废水流入经过浸铜处理的活性炭，氰根在活性炭上催化氧化分解成氨和碳酸根，氨气逸出，铜与碳酸根反应生成碱式碳酸铜吸附在活性炭表面上。活性炭饱和后用 20% 硫酸再生，生成硫酸铜。

（5）电解直接氧化法

电解直接氧化法和电解食盐水法完全不同，电解直接氧化法是以不溶性石墨为阳极，以铁板为阴极，含氰废水中的氰根在直流电的作用下，在阳极氧化成无毒物质，金属离子在阴极上析出。

电解直接氧化法常用来处理较高浓度的含氰废水（如氰化废镀液）。随着废水中氰浓度的不断降低，电流效率不断下降，当进水的氰离子浓度较低时，由于有副反应的产生，导致电流效率很低，运行费用增加。为提高处理效率，常在实际运行中添加少量的食盐水，其作用原理和电解食盐水法相似。

7.1.2 含铬废水处理技术

含铬废水来源于镀铬、钝化、铝阳极氧化等镀件的清洗水。一般镀铬清洗水，含六价铬浓度 20～150 mg/L；钝化后清洗水含六价铬浓度 200～300 mg/L。此外，还含有三价铬、铜、铁、镍、锌等重金属离子以及硫酸、硝酸、氧化物等。pH 4～6。

含铬废水的处理方法有化学法、离子交换法、电解法、活性炭吸附法、蒸发浓缩法、表面活性剂法等。上述方法可归纳为如下两种工艺路线：

①将六价铬还原成低毒的三价铬，然后沉淀去除。

②将六价铬进行资源回收，再应用于电镀生产或其他部位。

（1）化学还原法

六价铬在酸性条件下，以重铬酸根离子（$Cr_2O_7^{2-}$）状态存在，在碱性条件下，以铬酸根离子（CrO_4^{2-}）状态存在，不会由于 pH 的变化而产生沉淀。

还原六价铬通常控制 pH 在 2.5～3.0。常用的还原剂有亚硫酸盐（即亚硫酸钠、亚硫酸氢钠、焦亚硫酸钠等）、硫酸亚铁、水合肼、铁屑铁粉等。还原以后的三价铬，调整 pH 至 7～9，以 $Cr(OH)_3$ 形式沉淀去除。

在选择还原剂和沉淀剂时，不仅要考虑六价铬的还原和去除效率，还要考虑药剂的来源和成本。同时还要考虑沉淀污泥的处置和利用的可能性。

（2）电解法

①基本原理。

电解法处理含铬废水，是利用铁板作阳极，在直流电的作用下，铁阳极溶解生成亚铁离子，亚铁离子在酸性条件下与六价铬反应生成三价铬离子；阴极则析出氢气，使 pH 上升，生成氢氧化铬和氢氧化铁沉淀。Fe^{3+}与 OH^-结合形成的氢氧化铁起到了凝聚和吸附作用，加快了废水的固液分离。为防止铁阳极的钝化，确保铁阳极的正常溶解，处理含铬废水时常需加入适量的氯化钠。

②电解工艺流程。

一元化电解净化流程见图 7-5。

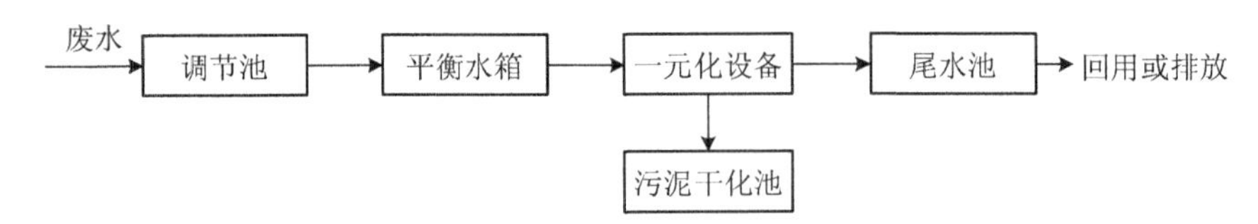

图 7-5 含铬废水一元化电解净化流程

特点：有害物质能一步完成转化、分离。设备具有体积小、占地少、管理方便、处理效果好等优点。但该工艺同样有消耗铁板量大、污泥难于处置等缺点。

其他电解工艺流程见图 7-6。

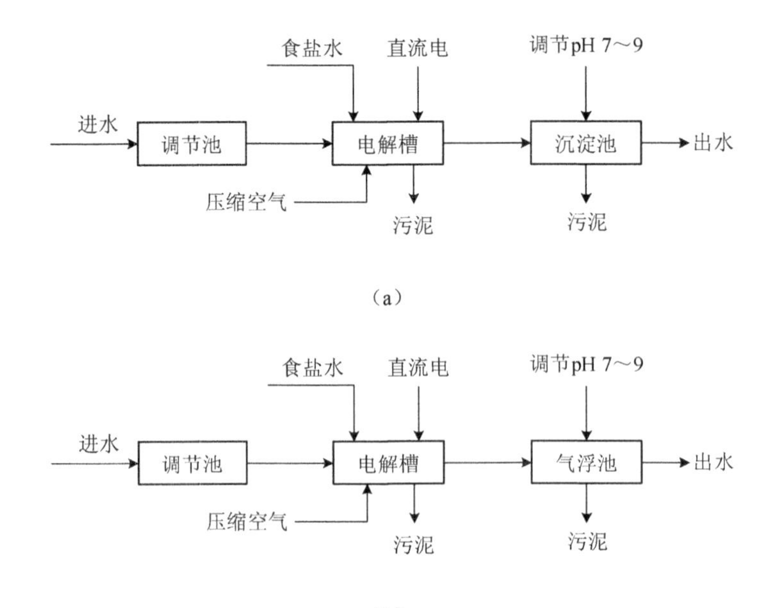

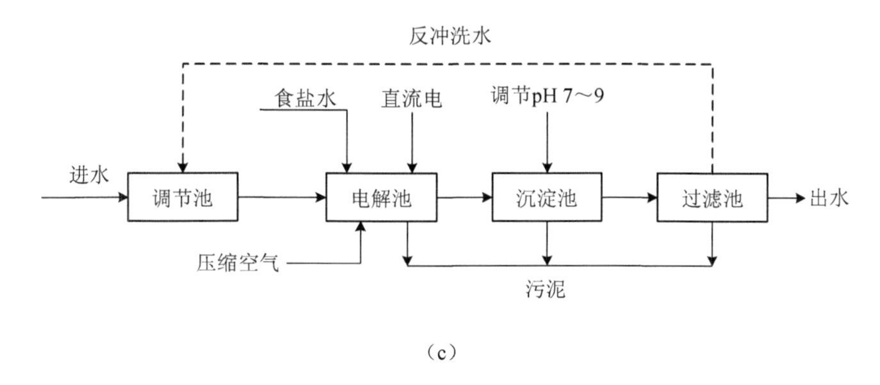

（c）

图 7-6 电解法处理含铬废水流程

接入压缩空气的目的是在电解槽停止运行时，用来吹脱附着在极板上的污物和杂质，否则将影响电流效率。

投加食盐的目的：增加导电率、降低电压、减少电能消耗，并利用食盐中的氯离子活化铁阳极，减少阳极表面的钝化，但投加食盐后使水中的离子增多，影响水的回用。

电解法处理电镀含铬废水主要技术条件和参数如下：

a. 废水 pH 4～6.5；

b. 废水中的铬离子浓度小于 100 mg/L；

c. 电极板为普通碳素钢板；

d. 电解时间 10～20 min；电流密度为 0.15～0.30 A/dm^2；

e. 沉淀池或气浮池进水的 pH 为 8～9；

f. 沉淀时间为 2 h，气浮时间为 30 min。

关于电解槽的工艺参数，根据废水处理量和废水水质来选择。

（3）离子交换法

①基本原理。

离子交换法是通过离子交换树脂载有的离子和废水中需要去除的离子相互交换，从而达到净化废水的目的。交换是可逆的，因此使用过的离子交换树脂可再生使用。

离子交换树脂对废水中离子的交换有一定的选择性。在稀溶液中，如果被交换的离子价位越高，那么与树脂的亲和力越强；如果离子价位相同，那么原子序数越大，与树脂的亲和力越强。

②离子交换法处理含铬废水的基本工艺流程。

双阴柱串联全饱和流程见图 7-7。

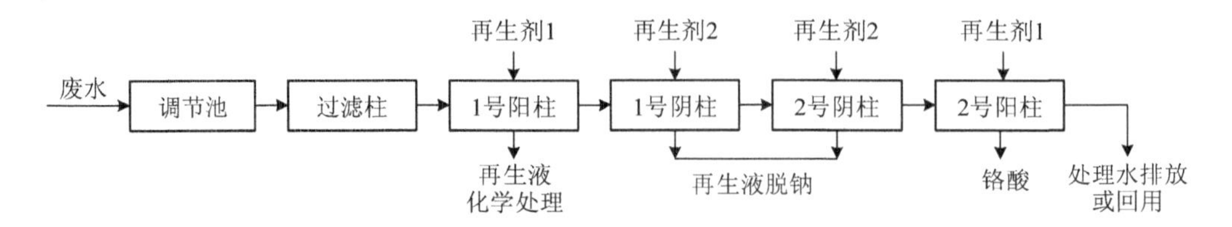

图 7-7　离子交换法双阴柱串联全饱和流程

双阴柱串联全饱和流程处理含铬废水，工艺包括五个部分：a. 废水预处理；b. 交换处理；c. 树脂再生；d. 铬酸回收；e. 铬酸循环使用及蒸发浓缩。交换系统由 H 型阳柱（732#强酸性阳树脂）、OH 型双阴柱（710 大孔弱碱阴树脂）和 Na 型阳柱组成。

③三阴柱全饱和流程。

三阴柱全饱和流程见图 7-8。

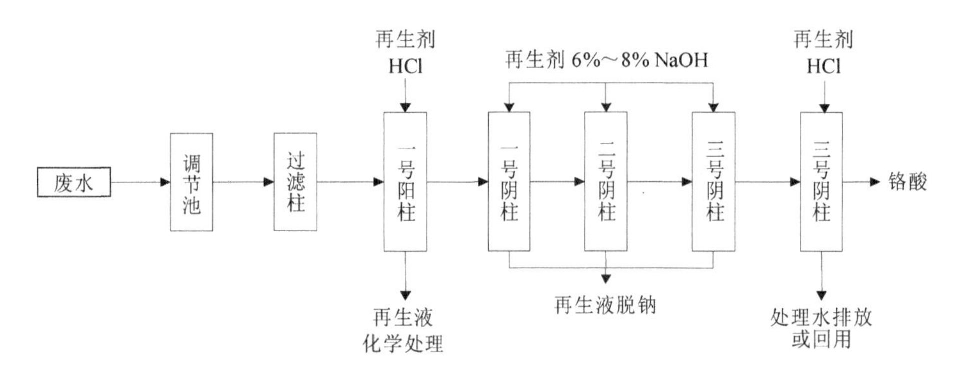

图 7-8　离子交换法三阴柱串联全饱和流程

三阴柱串联全饱和流程中，过滤柱、一号阳柱、二号阳柱、一号阴柱、二号阴柱的作用和双阴柱串联全饱和流程相同，增加三号阴柱主要是去除废水中的 SO_4^{2-}、NO^{3-}等阴离子，进一步改进出水水质，使出水大部分循环使用（90%以上），电镀生产达到闭路循环。

④逆流漂洗-离子交换-蒸发浓缩组合工艺。

逆流漂洗-离子交换-蒸发浓缩组合工艺见图 7-9。

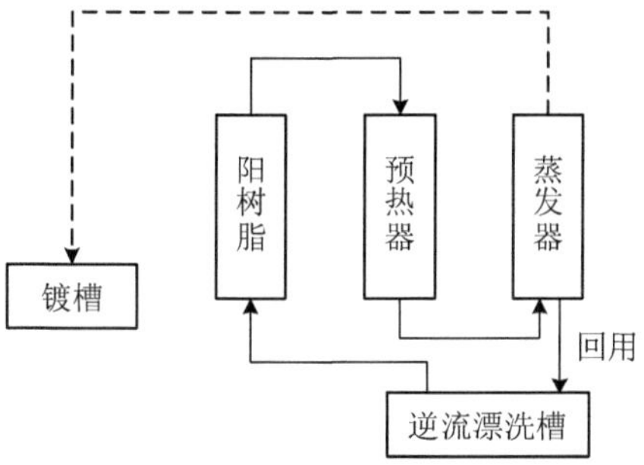

镀槽
阳树脂
预热器
蒸发器
回用
逆流漂洗槽

图 7-9 逆流漂洗-离子交换-蒸发浓缩工艺流程

离子交换树脂常用强酸性阳离子交换树脂，以 H 型交换，用 5%～10%的硫酸再生。其处理工艺和双（或三）阴柱全饱和流程中的第一阳柱相同。其再生液主要是重金属阳离子，一般采用化学沉淀法处理。

蒸发浓缩器的主要问题是材质和耗能。钛质薄膜蒸发器使蒸发效率和耐蚀性得到提高；减压蒸发器的运用，减少了能耗。

7.1.3 含镍废水处理技术

离子交换处理含镍废水，其工艺过程分为交换、再生和转型几个步骤，离子交换处理含镍废水的工艺流程最常用的是双阳柱全饱和流程，见图 7-10。

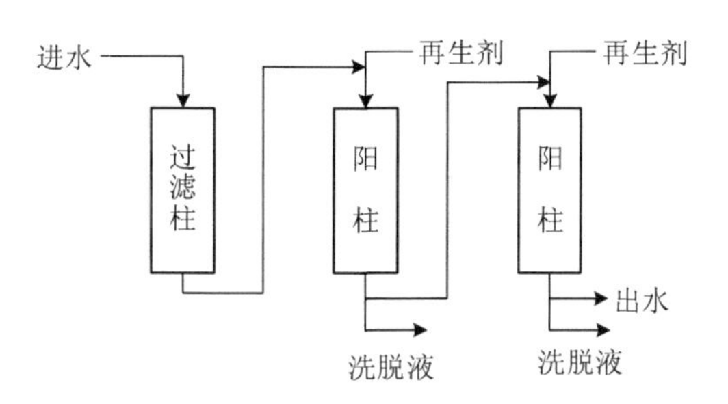

图 7-10 固定床双阳柱处理镀镍废水工艺流程

镀镍废水采用离子交换法处理一般要注意如下几个问题：①尽量提高漂洗水中的镍离子浓度，采用逆流漂洗；②漂洗水尽量采用去离子水，减少杂质离子浓度；③采用双阳柱或三阳柱系统，以便提高洗脱液的镍离子浓度；④经过一段时间循环利用后，由于 SO_4^{2-}和 Cl^-的含量增加，循环出水必须定期更新；⑤操作时严格按规程进行交换、反洗、放水、再生、反洗、正洗等工序；⑥废水中含有络合剂时，镍离子是以络合离子而非游离态的形式存在的，此时不能采用离子交换法处理，需采用其他方法处理。

7.1.4 含镉废水处理技术

镀镉工艺分有氰镀镉工艺和无氰镉工艺。有氰镀镉工艺产生含氰含镉废水，处理该类废水必须首先处理氰根，而后处理镉离子；无氰镀镉工艺仅产生含镉废水，但该废水中含有氨三乙酸络合剂，给处理带来一定的困难。

（1）有氰镀镉废水处理

含氰镀镉废水的处理必须先氧化氰根，而后再去除镉离子。去除氰根的方法目前较多采用的是碱性氧化法，即在碱性条件下，次氯酸钠与氰离子作用产生氰酸根，在过量氧化剂的作用下进一步反应生成氮气和二氧化碳，同时游离出镉离子，镉离子与 OH-作用生成氢氧化镉沉淀。处理流程见图 7-11。

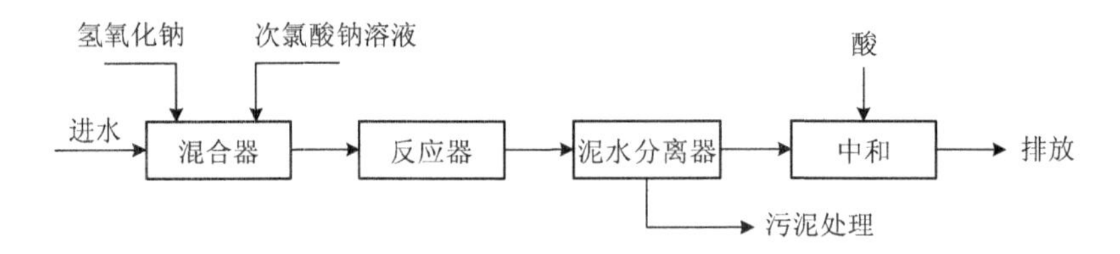

图 7-11 有氰镀镉废水的处理工艺流程

（2）无氰镀镉废水处理

无氰镀镉由于添加了络合剂，废水中的镉离子是以络合离子的状态存在的，为了使镉离子从络合离子中解脱出来，用硫化钠或硫化铁等物质与镉离子反应形成难溶于水的硫化镉。硫化镉颗粒细微，一般的沉淀法很难去除，必须投加助凝剂或混凝剂，才易于沉淀；或者采用微孔滤管，外涂硅藻土，进行压滤。硫化法处理无氰镀镉废水，处理效果好，产生的污泥量少，但处理过程中有硫化氢气体产生，同时废水中有残存的硫化物，影响出水水质。

7.1.5 含铜废水处理技术

有氰镀铜废水，先处理氰根，再处理铜离子。

对无氰镀铜废水的处理：无氰镀铜一般采用焦磷酸盐镀铜较多，镀件漂洗水中的铜

离子以络合离子 $Cu(P_2O_7)_2^{6-}$的形式存在，常用的化学法较难将络合的铜离子除去。采用石灰、氯化钙等物质，提供足够的 Ca^{2+}与废水中的 HPO_4^{2-}和 $P_2O_7^{4-}$生成不溶性钙盐沉淀除去，从而使 Cu^{2+}游离出来，并与 OH^-反应生成氢氧化铜沉淀，在沉淀池中将沉淀物除去。

7.1.6 含锌废水处理技术

镀锌的种类有氰化镀锌、铵盐镀锌和碱性锌酸盐镀锌以及钾盐镀锌。它们产生的废水、所采用的处理方法是有差别的。

①有氰镀锌废水，先进行除氰，再处理锌离子。

②铵盐镀锌废水，由于锌的络合物相当稳定，通常调节 pH 的方法不能达到排放标准要求。对此类废水的处理，首先应该除去或者破坏络合离子，可以采用次氯酸钠将废水中的络合离子氧化破坏，然后用沉淀的方法使废水中的锌浓度达到排放标准；或者根据 Ca^{2+}与氨三乙酸的络合常数在 pH＞11 时比锌大的特性，采用添加氢氧化钙的方法（Ca^{2+}∶Zn^{2+}=3～4∶1），再用氢氧化钠调节废水 pH 至 11～12，使络合离子与 Ca^{2+}络合，锌离子游离出来形成锌酸根离子并与 Ca^{2+}结合产生锌酸钙沉淀，最后使出水中的锌离子浓度达到排放标准。

③碱性锌酸盐镀锌所产生的废水，其处理较为简单，一般调节废水 pH 至 8～9，然后采用凝聚沉淀（或气浮）法，将废水中的锌离子处理达标排放。对于镀锌工艺中的钝化所产生的废水，按含铬废水的处理方法先进行除铬，再处理锌离子。

④相较于以上三种，钾盐镀锌废水的处理环节较为简单，只需要进行酸碱中和即可。

7.1.7 有机废水处理技术

（1）工艺选择

由于待镀工件材质、表面状态、污染物质和生产工艺不同，所产生的前处理废水污染物种类和浓度差别较大，所以应根据车间前处理工艺和拟镀工件的实际情况进行分析，确定合理的前处理废水处理工艺。

①若前处理废水中 COD_{Cr} 浓度低于 250 mg/L，则该废水可以直接排入综合废水处理系统合并处理。

②若前处理废水中 COD_{Cr} 浓度高于 800 mg/L，应设计生化处理系统。除前处理废水

外，电镀车间其他工序产生的含有较高浓度 COD_{Cr} 废水（如经预处理后的化学镀镍废水、化学镀铜废水、焦铜废水等）也应一并纳入该生化处理系统。

③若前处理废水中 COD_{Cr} 浓度介于 250～800 mg/L，则需根据前处理废水占总废水量的百分比，及混凝沉淀或气浮的 COD_{Cr} 去除率，确定是否增加生化处理工艺。

④若前处理废水中石油类含量大于 50 mg/L，需隔油预处理；若废水中的石油类以乳化油形式存在，则需进行破乳预处理，破乳可采用酸化破乳、混凝剂破乳或电解破乳。

（2）工艺流程

水量较大，石油类和 COD 浓度较高的前处理废水的处理工艺流程如图 7-12 所示。

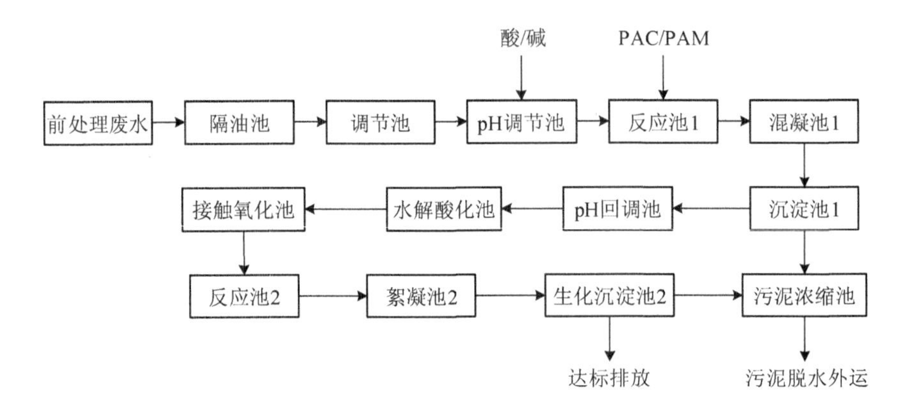

图 7-12 有机废水处理基本工艺流程

（3）工艺参数

①pH 调节池内控制 pH 为 10～10.5。

②pH 回调池内控制 pH 为 7.0～8.0。

③水解酸化池内控制溶解氧小于 0.3 mg/L。

④接触氧化池内控制溶解氧为 2.0～4.0 mg/L。

7.1.8 综合废水处理技术

电镀生产过程中由于管理不当、生产布局不合理使电镀废水不能分质分流排放，或设备陈旧、管道老化造成跑、冒、滴、漏，使废水含有多种组分，这类废水通常称综合废水。混合废水包括多种工序排放的废水，如电镀前处理酸洗、除油、除锈，后处理氧化、钝化、着色，以及退镀工序中所产生的废水等。混合废水的组分复杂多变，含有多种金属离子、油类、有机添加剂、络合剂等污染物。

电镀混合废水没有经济合理的回收办法，一般都是采用化学中和沉淀法处理，由于其成分复杂，特别是废水中有络合剂存在时，金属离子与络合剂形成络合离子，给处理带来一定的困难，要同时满足每种重金属离子都达到排放标准，仍有一定的难度。必须指出，含氰废水和含铬废水不能排入混合废水处理系统，只有将氰氧化破坏、六价铬还原后，才能与混合废水一起处理。

电镀混合废水的处理，较符合中小型电镀厂点的实际情况。如果将电镀废水分质、分流、分别处理排放，势必造成电镀厂点车间内管道复杂，处理系统和设备繁多，利用率低，操作管理困难等问题。因此，电镀综合废水的处理，可简化中小型电镀厂点的废水处理工艺和设备，节省投资，提高处理效率，降低运行成本。

电镀混合废水的处理一般采用化学沉淀法（或气浮）进行处理，它是通过调整废水的 pH，使各种重金属离子生成相应的氢氧化物沉淀，然后进行固液分离达到净化废水的目的。电镀混合废水的处理通常把电镀厂点的废水分成铬系废水、氰系废水、酸性废水、碱性废水等。采用化学法处理时必须综合考虑各类废水的特性。图 7-13 是典型的化学处理电镀混合废水工艺流程。

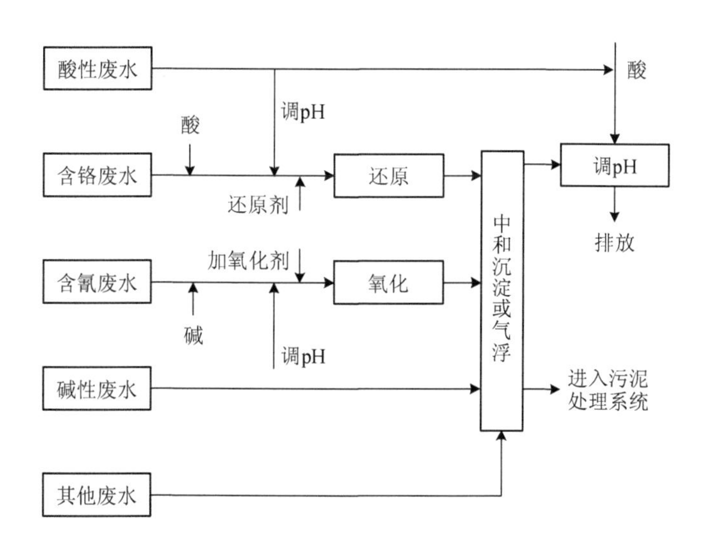

图 7-13 化学处理电镀混合废水工艺流程

含铬废水用酸性废水或酸调节 pH 小于 4，再投加还原剂，使 Cr^{6+}还原成 Cr^{3+}；含氰废水用碱性废水或碱调节 pH 为 11 左右，用氧化剂破坏氰根；这两股水处理后可以互相自然中和，并和其他废水进行中和沉淀处理，沉淀污泥进入污泥处理系统，经固液分离、浓缩、脱水然后处置或综合利用。中和沉淀池（或气浮池）出水有时需调节 pH 达到排放标准后排放。

7.2 电镀废气末端治理技术

7.2.1 电镀废气净化回收技术

净化回收是在吸风设备的基础上，增加净化回收装置，将有害气雾用极强的风力吸入净化器中进行净化回收，使电镀车间的空气污染治理达标。

废气净化治理有液体吸收法、固体吸附法、催化还原法三种。前一种是湿法，后两种是干法。固体吸附法、催化还原法一般只用于氨氧化废气治理，应用范围小。液体吸收法在电镀废气治理工程中应用范围较广，是目前常用的一种方法。其基本原理是用适当的液体，使之与混合气体接触，把其中的一种或几种成分除去。换句话说，吸收的过程一般是指气体混合物与液体紧密接触，而气体中一种或多种成分部分溶解在液体中。

湿法吸收，控制气体的污染，都是在气液传质设备内完成的。因此，对于设备的设计，必需扩散、平衡、传质原理应用为基础。要求气体与液体能密切接触，也就是提供大的界面面积和高强度的界面更新，并最大限度地减少设备的阻力。气相和液相的接触，可以在不同形式的设备中进行。按气液接触的基本构件大体可分为两种类型：填料塔（连续操作吸收）、板式塔（逐段操作吸收）。

填料塔和板式塔在治理电镀废气工程中已经是常用设备，应用厂家较多。两者各有其相对的优缺点。

湿法和干法能净化多种电镀废气使其达标，但吸收液、吸附洗涤水会造成二次污染。净化回收能回用化工原料，基本无二次污染。应用技术主要是净化回收器的设计，结构简单，体积和阻力均小，维修管理方便，回收率高。如铬酸废气治理用的网格式净化回收器，设计塑料板网阻力较小，固定在框架上插入回收器箱体，可以定期抽出进行清洗，出口方向在旋转 90°方位任意选择，铬雾净化效率可达 98%～99%。净化回收只能用于铬酸、硫酸废气治理，应用范围不太广泛。

净化回收技术的几种方法治理电镀废气可靠性强，达标率高，是国内外应用较多的方法。它的主要缺点是一次性设备投资较大、占地面积大、耗电量大、有噪声等。

7.2.2 酸性废气净化处理技术

酸性气体的净化处理常用液体吸收法和干式吸附法。

（1）液体吸收法

酸性废气的液体吸收净化工艺流程为：酸性气体—三级碱液喷淋—烟囱排放。

①硫酸雾气的中和处理：一般可用质量分数为 10%、pH>10 的碳酸钠和氢氧化钠溶液或氨水进行中和处理，对硫酸雾气进行中和处理。

②盐酸雾气的中和处理：可用低浓度碱液或氨水中和处理。一般以 2%～5%（质量分数）的氢氧化钠溶液作吸收液。

③氢氟酸雾气的中和处理：可用 5%的 Na_2CO_3 和 3%的 NaOH 溶液混合进行中和处理。根据选用的吸收剂和装置种类，电镀酸性废气的治理方法有喷淋式水吸收工艺、喷淋式碱液吸收工艺和喷淋填料碱液吸收工艺几种，大致工艺流程如图 7-14 所示。

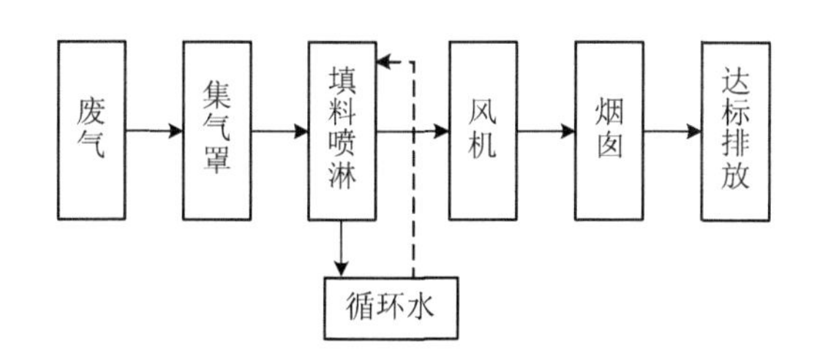

图 7-14 酸性废气净化工艺流程

用吸收法处理酸性废气，在真空泵上部设密闭罩，密闭罩上部设排风口，从而将房内产生的废气排出，保持房内一定负压，排出的废气进入填料喷淋吸收塔。

吸收塔上部喷淋碱性吸收液，有害气体由塔体下部进入后与喷淋液呈逆向流动，废气由风机压入净化塔内的匀压室，经过不等速迂回式的二道喷雾处理，进入净化塔内筒处理器，废气穿过由填料组成的填料层，再经过二道喷雾处理，使气液两相充分接触发生吸收反应，达到高效净化的目的。经处理的废气再经过脱水器脱液处理，然后排入大气。净化后的废气达到排放标准。

吸收了废气的吸收液流入塔底循环碱液槽中，用耐腐蚀的碱液泵抽出重新送进吸收塔，如此循环往复，不断吸收废气中的有害成分。被除去有害物质的废气经脱液器处理后，将排出气中的液体除去，再排入大气放空，有害气体得到净化，满足排放标准的要求。该工艺净化效率可达 90%左右。

液体吸收法是通过喷淋吸收，处理率能达到 90%，但该方法产生的污水存在二次污染，废水还需要进一步处理，且需要专人操作。

（2）干式吸附法

相比较液体吸收法，干式吸附法目前在企业中应用更加广泛，某单位新研制的吸附材料对硫酸雾、氯化氢、氮氧化物、氢氟酸等废气就有很好的净化效果，对混合酸废气亦可净化。该吸附剂对废气的净化是一个多功能的综合作用，除了物理吸附外，还有化学吸附、粒子吸附、催化作用等。吸附剂主要成分为钙的碱性氧化物、硅的氧化物、铝的氧化物和活性炭（净化装置示意见图 7-15）

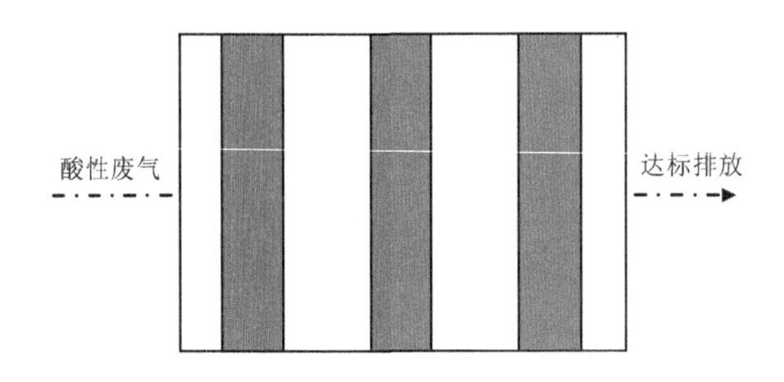

图 7-15　酸性废气净化装置示意

酸性废气通过净化装置中的干式吸附剂吸附床，酸雾被吸附剂吸附并发生化学反应，酸性气体被转化为钙盐，碱性气体最终被转化为氮气，净化后的气体经风机达标排放。酸性吸附剂在吸收酸前呈弱碱性，吸附饱和后形成的无害钙盐被固定在吸附剂结构中，不需要再生，吸附饱和后的废弃吸附剂的 pH 和游离氟离子含量经过检测，对环境无二次污染。

7.2.3　碱性废气的净化技术

在电镀中，大量的碱性废气一般来自化学除油以及碱性镀种。为此可让碱性废气通过管道经“碱雾净化塔”进行治理，即在塔内用酸液喷淋将碱性废气中和掉。另外，也可将碱性废气引进“酸雾净化塔”中与酸性废气中和（含氨废气的治理除外）。含氨废气只能单独收集治理，因含氨废气与酸性废气中的含氯或含氟废气会发生化学反应，生成一种白色的氯化铵或氟化铵沉淀物，容易导致排气管道和净化塔内填料堵塞而影响废气的排放，所以对含氨废气的治理，只能单独用一个“碱雾净化塔”，并选用稀硫酸作为喷淋液，方可使含氨废气得到净化。

7.2.4 含氰废气净化技术

氰化镀槽中的化学药品在投加到镀槽后形成络合物溶液，如氰化镀锌槽液中的溶液含 Na_2ZnO_2、$Na_2Zn(CN)_4$，在电解液中离解为 Zn^{2+}和 CN^-，电镀时，Zn^{2+}被阴极吸引，在工件上放电上镀工件，溶液中的 CN^-少量随镀槽抽风带入大气中。在空气中有二氧化碳存在时，镀槽内存在如下反应：$2NaCN+H_2O+CO_2 \longrightarrow Na_2CO_3+2HCN\uparrow$。氰化氢（HCN）属于剧毒物质，不仅对环境产生影响，更对操作人员人身健康造成威胁，要引起足够重视，一定要及时妥善处理处置。

含氰废气目前一般采用湿法吸收，吸收液为 NaOH、NaClO 溶液。净化装置示意见图 7-16。

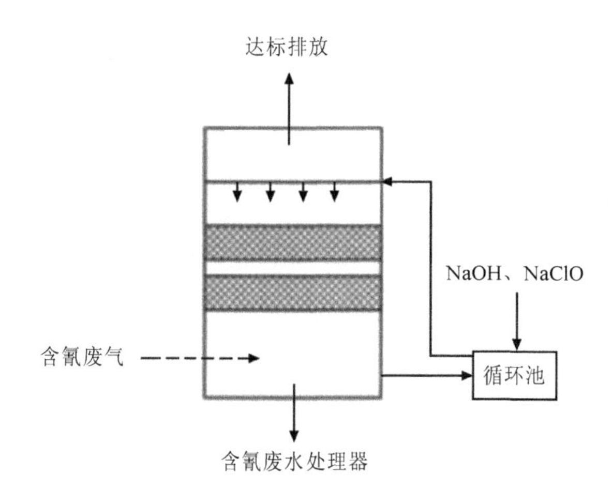

图 7-16　含氰废气净化装置示意

废气通过槽边吸风罩收集后进入抽风筒，再进入废气净化器，与设置在净化器内的喷淋液充分接触反应，净化后的气体经风机达标排放。喷淋液 pH 须保持在 10 以上，在喷淋液循环使用过程中，要对酸碱值每天监测，定期配备新的喷淋液。失效的喷淋液排入含氰废水管道，送入废水处理站进一步处理。

7.3 电镀污泥处置技术

7.3.1 稳定化/固化技术

稳定化/固化技术是目前常用的一种电镀污泥处置方式，通过添加一定比例的石灰、水泥、螯合剂等将电镀污泥中有毒有害污染物转变为低溶解性、低迁移性及低毒性的物质。稳定化包括化学稳定化和物理稳定化：化学稳定化是通过加入适当化学物质（如铁盐、有机硫复合物螯合剂等），使有毒有害化学物质变成不溶性化合物，使之固定在稳定的晶格内不动；物理稳定化是将污泥状或半固态物质与疏松物料（如粉煤灰等）混合，生成一种粗颗粒的具有土壤状坚实度的固体。

在电镀污泥处理中，固化处理技术往往应用在最后的环节，其目的是将重金属控制在惰性状态，从而降低其危险性，而后进行填埋处置。所谓固化就是使用大量添加剂，让电镀污泥处于比较紧凑而无法流动的固体状态，通过改变电镀污泥的强度和渗透性等来实现。常用的添加剂有石灰、水泥、玻璃等。其中，水泥固化最为常见，其对电镀污泥和重金属废物的处理效果好，材料廉价，相关投入和运行的成本比较低，操作相对简单，稳定性较好，使得人们对固化处理技术的关注度随之增加。

固化处理技术操作流程如下：提前运用干燥、破坏氧化物等方法对电镀污泥进行处理；在电镀污泥中添加大量固化剂；等待其凝固，而后将其混合；最后对其进行终极处理，也就是填埋处理。

电镀污泥处理技术发展呈现多样化，其固化效果也比较稳定，但是占地面积较大，重金属在固化体中具有不稳定性。因此，对于危险废物，人们已经提出用高效稳定剂来进行无害化处理的理念。

7.3.2 热处理技术

电镀污泥的热处理主要是一个深度氧化和熔融的过程，运用高温焚烧、微波或离子电弧等方法，对电镀污泥进行热分解，使电镀污泥中某些剧毒成分毒性降低，大幅降低污泥的体积和重量，再进行填埋，从而达到治理的目的。近年来有学者对焚烧减容后的焚烧渣进行资源化利用研究，但由于高能耗加之对焚烧设备和条件要求高，一般的电镀厂家难以支撑巨额的处理费用，所以这种处理方法很难推广开来。

7.3.3 填海与堆放填海处理

填海与堆放填海处理是指将电镀污泥在距离和深度适宜的海域进行填埋，并通过海洋系统的自净能力来实现电镀污泥的合理处置。该方法比较适宜于土地面积有限的沿海及岛屿国家。但是，电镀污泥中重金属在海水腐蚀作用下会产生迁移，因此处置场海域可能出现不同程度的海洋污染现象。电镀污泥填埋处理需要较大的占地面积，并且对场地建造技术要求高。污泥经过长期的风化作用会形成粉尘污染，粉尘在水、大气的作用下产生渗析酸碱废水和重金属污染，造成土壤结构失调、水源污染以及生态平衡的破坏。随着人们对海洋环境问题日益关注，电镀污泥的填海处理方式必将受到严格的限制。

7.3.4 陆地处置

对于回收完重金属后的尾渣或某些污染较小的污泥，一般可以采用填埋的方法进行处置。对于回收完重金属或某些有机质含量较高、含水率大、强度小的电镀污泥，根据我国现在的发展状况，对它们进行填埋是比较经济、有效的处置方法。然而填埋时，由于污泥的含水率较高、强度小，在污泥推铺和压实过程中，压实机和推土机很容易打滑，甚至陷入泥中。而污泥中含有的大量有机质使得污泥的亲水性较强，再加上污泥本身致密、渗透性低，填埋场很有可能在雨季过后变成人工沼泽。针对填埋的上述缺点，张华提出了“污泥改性填埋→填埋场污泥降解与稳定化形成矿化污泥→矿化污泥开采与利用→污泥改性填埋”的循环填埋理念。张华发现，矿化垃圾、粉煤灰、建筑垃圾、泥土等改性材料都可以提高污泥的渗透性，减轻污泥水解酸化产物的积累对微生物的抑制作用，提高污泥的产气速率以及气体中的甲烷含量。其研究虽然是针对污水厂的污泥，但对电镀污泥的填埋处置有一定的借鉴意义。

在填海处置已被大多数国家明令禁止的现状之下，陆地处置成为了处置电镀污泥的最主要方法。目前来说，对回收完有价金属的污泥进行改性后填埋是比较经济、环保的处置手段。

8 电镀行业资源化利用技术

8.1 电镀废水回收利用技术

8.1.1 膜分离回收技术

膜分离技术以选择性透过膜为分离介质，在外力的推动下，对混合物进行分离、提纯、浓缩，能有效净化废水并富集溶解金属。膜分离技术具有分离效能高、能耗低、操作方便、占地面积少等优点。

目前常见的膜分离技术包括微滤、超滤、反渗透、纳滤、渗析、电渗析、渗透蒸发、气体分离及液膜等。以反渗透为例，废水在一定的压力下，通过离子树脂半透膜，该膜只允许水分子通过，阻止溶解金属和杂质通过，使通过的水得到净化，并可循环使用，而被阻止的金属化合物可直接回用。利用反渗透方法处理含镍废水，可以实现闭路循环，逆流漂洗槽的浓液经过预处理后用高压泵打入膜组件，浓缩液返回镀槽重新使用，透过液可作为清洗水补充到漂洗槽。工艺流程如图 8-1 所示。

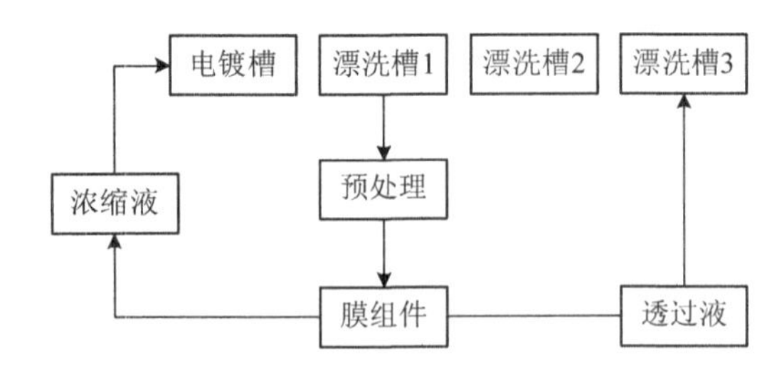

图 8-1　膜分离在线回收技术流程

近十年来纳滤（NF）、反渗透（RO）等膜分离技术快速发展，为电镀废水的回收利用创造了良好的条件。对电镀综合废水经过简单物化处理后采用膜分离技术可回用大部分水，回收率可达 60%以上，减少污水排放总量。随着膜分离技术的发展逐渐形成了一项电镀废水处理新技术——集成膜技术。集成膜技术是将几种膜分离过程联合起来，或将膜分离与其他分离方法结合起来，将它们各自用在最适合的条件下，发挥其最大的效率，实现电镀废水零排放。随着集成膜分离技术的不断发展和完善，膜分离技术在电镀领域中将发挥更大的作用。集成膜系统构成如图 8-2 所示。

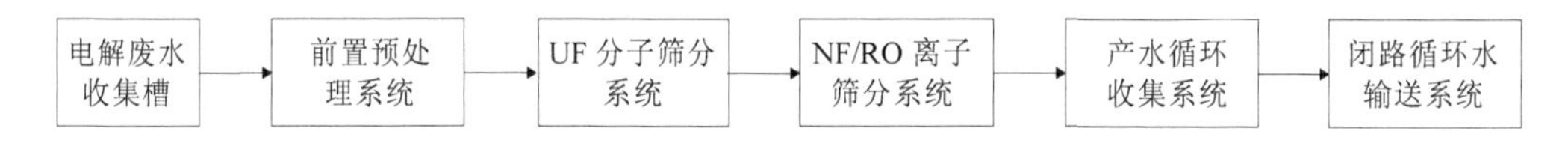

图 8-2 集成膜系统构成

8.1.2 离子交换回收技术

离子交换是利用高分子合成树脂进行离子交换的方法。树脂中含有一种具有离子交换能力的活性基团，进行选择性的交换或吸附，再将被交换的物质用其他试剂从树脂中洗涤下来，达到去除或回收的目的。当树脂吸附饱和后，出水水质下降，立即启用备用系统，饱和的树脂可以再生，基本实现闭路循环。该工艺流程如图 8-3 所示。

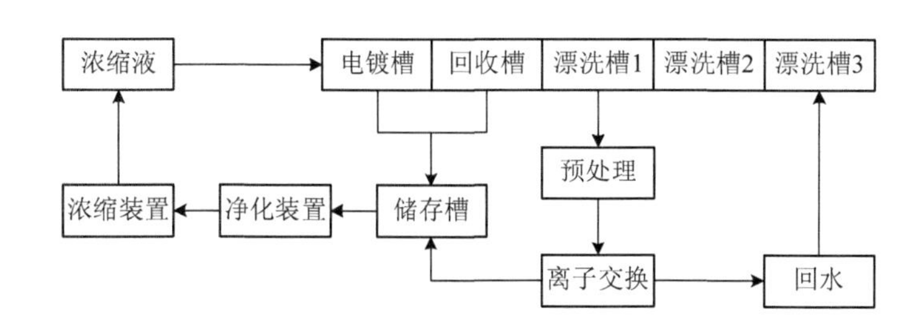

图 8-3 离子交换在线回收技术流程

以处理含铬废水为例，该技术主要有以下几个步骤：

①通过铬液浓度测量仪检测回收槽溶液，当槽液铬酸酐达到规定浓度后，整槽溶液泵入储存槽。

②当储存槽内铬镀液到达规定液位后，进入净化装置，清除其中的杂质，净化后的

铬镀液转入浓缩装置。

③铬镀液经过浓缩后，按日常生产需要补充回电镀槽使用。

④当电镀槽溶液杂质含量偏高时，抽出部分槽液至储存槽，与回收槽溶液进行混合（混合后铬酸酐浓度不超过 150 g/L），经过净化并浓缩后返回电镀槽使用。

⑤逆流漂洗槽的浓液经过预处理去除悬浮物及其他杂质后，进入离子交换系统。

⑥离子交换洗脱再生后得到回收液进入储存槽，净化浓缩后回用到电镀槽。分离后的回用水再次投入漂洗槽。

目前，铬镀液及其废液的净化回用技术不仅满足实际生产的需要，也实现了全自动化控制。该技术被列入工业和信息化部《电镀行业清洁生产技术推行方案》。

8.1.3 吸附交换法回收废酸液技术

吸附交换法回收废酸液技术是利用离子交换树脂（或纤维）的阻滞特性，将废液中的酸吸附，其他金属盐顺利通过，然后利用纯水解析树脂回收酸。第一步除去废酸液中的悬浮固体物，第二步对废酸液净化处理。

该材料有优异的亲酸性，当它与酸接触时，酸被吸附截留。酸液中的其他物质，如金属离子，则流出系统。当离子交换柱酸饱和后，再用水洗掉离子交换柱吸附的酸，成为再生酸液。该技术适用于废酸液的回收利用。

8.2 电镀污泥资源化方法

尽管电镀污泥含有大量污染物，但也包含大量有用元素，所以将其中的重金属资源回收是电镀污泥的一种无害化解决思路。常用的电镀污泥资源方法有浸出法、微生物技术法、铁氧体法、熔炼法以及材料化法。

8.2.1 浸出提取

浸出提取就是运用化学反应，将电镀污泥中的重金属物质进行有效分离，保持重金属的稳定性。常见的浸出剂有酸性、碱性、中性三种。电镀污泥中的重金属常以氢氧化物的形式而存在，因此中性浸出液的应用不常见。碱性浸出液（如碳酸钠和氨水）的应用率反而比较高，其缺点是无法使所有金属浸出。常见的酸性浸出液主要有盐酸、硫酸，由于酸度不同，所以浸出结果也不同。电镀厂要按照电镀污染的实际特点，选择适合的浸出液，使浸出提取法的效果达到最佳。浸出提取在电镀污泥重金属回收中的应用也比较广泛，例如电镀污泥经过处理，镍的回收率能够达到92%。

8.2.2 微生物处理技术

研究表明，微生物可以促进植物吸收重金属，利用微生物降解有机物，使部分有害重金属得到转型，同时会产生肥料，促进植物生长。李福德研究了SR复合功能菌的高效重金属去除功能对电镀污泥中铬、铜、镍、锌等金属的吸附分离效果，结果表明，金属回收率大于 95%。微生物浸取法是利用氧化硫硫杆菌的生物产酸原理，代替传统的硫酸等物质，将电镀污泥中难溶的重金属转变成可溶性的重金属离子从而进入液相，再用适当的方法从浸取液中加以回收。相较于传统浸出方法，此方法属于清洁生产，具有增效降费的作用，但是电镀污泥中的重金属含量高，容易造成微生物中毒，也缺少微生物生长、代谢所需的氮、磷等元素，较难驯化出具有特定浸出功能的微生物，所以此法推广较慢。

8.2.3 铁氧体化技术

污泥铁氧体是指往电镀废水中投加铁盐后调节 pH 及加入一定量的絮凝剂沉淀下来的产物，所以电镀污泥中一般有大量铁离子存在，特别是在含铬废水的污泥中，人们可以运用适当的技术使其形成复合铁氧体。复合铁氧体具有较稳定的晶体结构，可以消除二次污染，铁氧体固化出的产物可通过一定的技术进一步形成产品。铁氧体化有干法和湿法两种工艺，铁氧体法制得的电镀污泥一般用作磁性材料的原料。贾金平研究了电镀污泥中配入硫酸亚铁，再经过湿法合成和干法还原工艺制备得到了磁性探伤粉。

8.2.4 熔炼技术

熔炼技术是指以煤炭、焦炭等作为燃料，并辅以铁矿石、铜矿石、石灰石等还原物质，用来回收电镀污泥中的铜、镍等重金属。熔炼电镀污泥过程中，添加剂的种类与用量等因素对工艺存在较大影响。由于电镀污泥含水量高，热值低，而且金属含量少而散，所以熔炼法有高能耗、金属回收单一且回收率不高、烟气难以达标排放等缺点。

8.2.5 材料化技术

电镀污泥材料化技术是指将电镀污泥用作原辅料生产建筑材料或者其他材料。目前，电镀污泥用于水泥窑协同生产水泥较为广泛，该工艺在进行水泥熟料生产的同时可以实现对电镀污泥的无害化处置。另外，电镀污泥可作为烧制陶瓷和制砖的添加剂。虽然材料化技术成本较低，但是也有一些研究表明电镀污泥的材料化在一定程度上会增加人体暴露于重金属环境的可能性。材料中的重金属浸出毒性能否达到相关标准，随着时间流逝，材料中的重金属会不会缓慢释放出来，都无从得知。

8.2.6 高温提取

通过高温处理电镀污泥，人们能回收其中的重金属。常用的方法有煅烧法、微波法、焚烧法和碳加热法等。高温处理能使电镀污泥的体积有效减少，同时能降低部分有害物质。除此之外，通过高温处理，重金属物质会发生反应，形成单质化合物。综合运用浸出法和高温法，可以显著提升电镀污泥中重金属的提取效果。但要注意的是，高温提取要通过加热来实现，其间会产生严重的大气污染，所以电镀厂需要高度重视这一点。

8.2.7 电解法

电解法是指运用电流将电镀废液中的金属离子还原成金属。值得注意的是，人们要根据电镀溶液中的金属离子析出电势的差异性，控制施加电压的大小，从而达到还原效果。与浸出提取相比，电解法不需要添加任何药剂，操作流程比较简单，设备占地面积较小，但是回收的金属纯度丝毫不会受到影响。

8.2.8 酸法浸出

酸浸法是指利用硫酸、盐酸等酸作为浸提剂，将可溶性的目标组分从电镀污泥中提取出来的方法。酸浸法应用较为广泛，硫酸是最为常用的浸提剂。

李英针对电镀污泥的回收提出了“浸出→化学沉淀（分步沉淀及共沉淀）→共沉淀的分离→回收利用”的工艺路线。在浸出工艺过程中，以硫酸作为浸出剂并在所探究的最佳条件下浸出一次，铁、铜、铬、镍的浸出率分别为88.65%、97.83%、91.64%、99.33%。在同一浸出条件下对剩余的滤渣浸出第二次时，铁、铜、铬、镍的浸出率分别为91.06%、

98.87%、93.55%、99.88%。再对浸出液进行分步沉淀，回收其中的金属元素后，浸出液基本澄清，其中的金属元素大部分都得以回收。由此可见，酸法浸出–化学沉淀法能够对电镀污泥中的金属元素进行有效的回收利用。李强等用硫酸对电镀污泥进行浸出，用萃取剂 Lix984N 萃取浸出液中的铜，用硫化钠沉锌，用碳酸钠沉镍。在较优的实验条件下，铜、镍、锌和铬的回收率均大于 96%。李强等在实验室研究的基础上还建成了一座年处理 3 万 t 混合电镀污泥的示范工厂，并且在实践过程中保持了盈利状态。这一研究从实践上证明了电镀污泥综合回收利用的可行性，也为电镀污泥的回收利用提供了宝贵的实践经验。国内外学者对湿法浸出电镀污泥做了大量研究后发现：酸法浸出时，浸出液离子浓度高，后续处理水量小，但酸法浸出有选择性差、浸出液净化过程复杂、酸碱及除杂剂消耗量大等缺点。

8.2.9 氨法浸出

正因为酸法浸出有不少缺点，近年来科研工作者提出了氨法回收污泥中金属的工艺。氨浸法是一种传统的电镀污泥处理的方法，利用 NH_3–NH_4^+溶液使电镀污泥中有价金属元素与其他金属元素生成不同的产物，从而达到分离的目的。利用氨水对电镀污泥进行浸出，可使其中的氧化物或沉淀物以配合物的形式进入溶液中，整个过程属于金属电化学腐蚀过程。

张焕然提出了“氨性体系浸出→镍、铜萃取分离→氨闭路循环利用”的工艺流程来回收电镀污泥中的铜和镍。在较优的工艺条件下，即使电镀污泥中金属的含量非常低（铜 0.94%、镍 0.81%）的情况下，铜、镍的浸出率也能分别达到 95%、88%。如采用两段逆流浸出，铜、镍的浸出率可以分别达到 97%、93%。浸出液中的铜、镍分离采用的是“萃取→水洗→酸洗→反萃”工艺，经两段萃取后，铜、镍的萃取率接近 100%，萃余液中铜、镍的质量浓度分别降低至 0.003 4 g/L、0.023 g/L，萃余液经调氨后返回浸出。

通过对国内外氨法回收的试验分析发现，氨性体系对有价金属的选择性浸出较好，杂质金属很少或根本不会进入浸出液。氨性体系由于采用萃取剂分离浸出液中的金属，不像酸浸时那样在沉淀分离金属时存在夹带损失，因此其重金属回收率要比酸浸体系高，而且回收电镀污泥中铜、镍时工艺流程较短，能够较好地实现水和浸出剂的循环利用。正因具有上述优点，国际上普遍倾向于采用氨法浸出。

8.2.10 熔炼法和焙烧浸取法

熔炼法主要以回收铜、镍为目的。熔炼法以煤炭、焦炭为燃料和还原物质，铁矿石、铜矿石、石灰石等为辅料。熔炼以铜为主的污泥时，炉温在 1 300℃以上，熔出的铜称为冰铜；熔炼以镍为主的污泥时，炉温在 1 455℃以上，熔出的镍称为粗镍。

焙烧浸取法利用高温焙烧预处理污泥中的杂质，再用酸、水等介质提取焙烧产物中的有价金属。有研究表明，用黄铁矿废料作酸化原料与电镀污泥混合后焙烧，然后在室温下用去离子水对焙烧产物进行浸取分离，锌、镍、铜的回收率分别为 60%、43%、50%。

熔炼法可回收的重金属的种类有限，焙烧法对污泥中重金属的回收率并不高，两种方法应用不广泛。

8.2.11 焚烧—回收法

焚烧—回收法是指在电镀污泥焚烧减容的基础上，对焚烧渣中的重金属进行回收利用的技术。电镀污泥经焚烧预处理后，体积和质量大幅度减小，焚烧渣中重金属的占比提高，有利于回收利用。

项长友等采用 F21 型焚烧还原熔炉处理含镍、铜的电镀污泥。实验表明，在适当高温和还原条件下，可将镍、铜氧化物还原为镍、铜合金；铬、铁主体还原为低价氧化物而进入炉渣中，再对炉渣中的铬采用碱性介质氧化焙烧法，回收重铬酸钠。该方法具有处理污泥能力大、投资较省、经济效益较好等优点。

赵永超研究焚烧温度对铜、镍浸出率的影响时发现，随着焚烧温度的升高，焚烧渣中的铜和镍浸出率有一定的升高，但幅度不大；焚烧温度达到 800℃时，铜浸出率则明显下降，这可能是污泥中铜的结构已发生变化，部分已转变成不溶于硫酸的物质。由此可见，采用焚烧—回收法时，温度对下一步金属浸出效果有一定的影响。因此，在实际运行中，应综合考虑减量程度、浸出率以及运行成本，确定合适的焚烧温度。

8.2.12 火法焙烧—湿法浸出联合工艺

火法焙烧—湿法浸出联合工艺是先通过火法工艺对电镀污泥进行预处理，脱除水、有机物及部分杂质，使有价金属分类、富集，再利用合适的浸出剂对有价金属进行浸出。该工艺对处理有机物杂质含量高、成分复杂的污泥较有意义。

火法焙烧—湿法浸出联合工艺有利于实现湿法工艺中部分难分离金属的提取、分离，但该工艺仍存在工艺流程长、能耗高、生产投入大的缺点，实际生产中推广应用较困难。

8.2.13 堆肥与农用处理

污泥的堆肥农用就是在一定条件下，通过微生物的发酵作用将其中的有机物降解，使其成为土壤肥料的过程。另外，污泥中含有的微量重金属对植物的生长具有一定的促进作用。堆肥作为一种投资少、见效快的污泥处理方法，具有广阔的应用前景。但也应该注意到，污泥中的有毒重金属可能会由于聚集效应而给人们的身体健康带来严重危害。因此，堆肥处理的污泥应该受到严格的质量控制。

纵观以上处理技术，火法回收由于其能耗高、投资大、金属回收率低而研究较少，目前研究最多的是湿法回收技术。酸法浸出是人们较早研究、技术较为成熟的方法，已经有实际的工业应用，但酸法浸出的药剂消耗量大、成本高，不适合处理成分复杂、有价金属含量低的混合污泥。近年来，科研工作者提出了氨法浸出的方案。氨法浸出选择性好，工艺流程短，物料能循环利用，在国际上受到普遍青睐。至于生物法处理电镀污泥，虽然与传统的方法相比具有经济性好、操作简便、持续性好、环境友好等优点，但也存在效果不稳定、处理周期长等缺点。

8.3 电镀废渣综合利用技术

8.3.1 含锌废渣的综合利用

含锌废水单独收集处理生成的废渣，主要是 $Zn(OH)_2$ 和 $ZnCO_3$。该废渣通过严格除杂处理后，可用于镀锌工序。其操作过程分为溶解废渣和去除金属杂质两步。

（1）溶解废渣

将废渣放入耐酸容器中，用自来水调整为流化状态，在搅拌状态下加入 50%的硫酸溶液，用可洗式压滤机过滤并洗涤滤渣至 Zn^{2+} 含量在 2 mg/kg 以下（按干物质计），将洗涤水抽回到盛放含锌废水的储存池。其反应如下：

$$Zn(OH)_2 + H_2SO_4 \longrightarrow ZnSO_4 + 2H_2O$$

$$ZnCO_3 + H_2SO_4 \longrightarrow ZnSO_4 + H_2O + CO_2\uparrow$$

（2）去除金属杂质

调整滤液的 pH 至 4，加热至 80℃，加锌粉置换出铜、镍等。其反应如下：

$$Me^{2+} + Zn \longrightarrow Me + Zn^{2+}$$

将溶液过滤，再加热至 80℃，加高锰酸钾并搅拌，升温至 100℃，除去溶液中的铁、锰及有机杂质。反应完成后，调整 pH 至 5，并过滤、蒸发，至温度为 50℃。冷却结晶，离心脱水，干燥后即为成品，可再溶解回用于镀槽。

8.3.2 含铬废渣的综合利用

含铬废水经过处理后的废渣主要是 $Cr(OH)_3$。含铬废渣综合利用的前提是含铬废水经过严格的分流处理，否则只能按混合废渣进行处理。

目前，含铬废渣的综合利用主要有以下几种途径。

（1）制作抛光膏

用焦亚硫酸钠、亚硫酸氢钠、亚硫酸盐等还原剂还原含铬废水并进行中和反应，所得到的 $Cr(OH)_3$ 污泥中含铁量少，可用于制作绿色抛光膏；采用硫酸亚铁法、电解法得到的含铬废渣中，含较多的铁，可用于制作红色抛光膏。

（2）制作铬鞣剂

三价铬具有与皮质胶原分质形成稳定复合物的能力，称为铬鞣剂[即 $Cr(OH)SO_4$]。采用含铬污泥制作铬鞣剂，可为含铬污泥的综合利用开辟一条新的途径，是物质利用最充分、投入原料少、生产效益可观的资源综合利用项目。

（3）焙烧回收

铬盐生产工厂使用的原料主要是铬矿石，该矿含 Cr_2O_3 约 50%。而经亚硫酸钠处理含铬废水产生的 $Cr(OH)_3$ 污泥，按干物质计含 Cr_2O_3 约 55%。该污泥中含有的一些杂质经焙烧后均可被去除，如有机物经焙烧后可分解；$Cu(OH)_2$、$Ni(OH)_2$ 数量少，焙烧后分解成 CuO、NiO，在铬酸钠溶解时都被沉淀去除。若有大量的经亚硫酸钠处理含铬废水产生的 $Cr(OH)_3$ 污泥，则适合焙烧回收利用。

8.3.3 含镍废渣的综合利用

未设置离子交换、反渗透设施的含镍废水单独收集、处理产生的污泥，其杂质含量相对比较少些，便于回收利用，利用方法与过程如下。

（1）硫酸溶解

采用化学法处理含镍废水，回收的固形物是氢氧化镍。在这种氢氧化镍中，有机杂质和其他不溶性金属化合物等，必须用硫酸溶解，去除杂质，才能回用到电镀生产中。

$$Ni(OH)_2+H_2SO_4 \longrightarrow NiSO_4+2H_2O$$

（2）去除铁杂质

溶解后的硫酸镍溶液浓度，控制在相对浓度 1.21，含 $NiSO_4$ 18%。去杂处理的第一步，要去除铁杂质：

$$6FeSO_4+3H_2O_2 \longrightarrow 2Fe_2(SO_4)_3+2Fe(OH)_3\downarrow$$

$$Fe_2(SO_4)_3+6NaOH \longrightarrow 2Fe(OH)_3\downarrow+3Na_2SO_4$$

具体操作方法是，取含量 30%的双氧水加入回收液中，加入数量按小试确定。加热溶液到 80～90℃，不断搅拌，缓缓加入碳酸镍，将溶液调至 pH 为 4.5～5，静置冷却。

（3）电解除铜（如有必要）

如溶液中不含铜，即可回收至槽作回收液，如含铜要用电解去铜。以铅、锑合金板作阳极，铜片作阴极进行电解，铜在阴极析出。除铜后的溶液可回槽使用。

8.3.4 含铜废渣的综合利用

含铜废水采用分流贮存，单独处理生成的废渣。回收铜盐的方法是：将废渣用硫酸溶解，控制其 pH 为 3～4，过滤，蒸发到浓缩液密度为 1.34 g/cm^{3}时，倒入结晶缸中，待 48 h 后，用塑料筐将结晶沥干或用离心机甩干，即为合格的 $CuSO_4\cdot5H_2O$ 成品。

参考文献

[1] 姚虹. 电镀污泥处置及资源化方法探究[J]. 中国资源综合利用，2019，37（10）：78-80，106.

[2] 2019 年中国电镀行业发展现状和市场趋势分析 装饰性和高抗蚀性工艺技术不断发展[J]. 表面工程与再制造，2019，19（Z1）：61-62.

[3] 李晓莉. 电镀污水处理常用技术方法及工艺研究[J]. 节能，2019，38（9）：16-17.

[4] 张卿川，夏邦寿，肖琳川，等. 电镀重金属废水近零排放治理方案优化探讨[J]. 环境研究与监测，2019，32（3）：37-41.

[5] 尚庆丽. 浅析电镀废水处理技术的研究现状及趋势[J]. 科技经济导刊，2019，27（25）：111.

[6] 赵晶磊，王岱，杨占昆. 电镀污泥的资源化利用技术及实例研究[J]. 中国资源综合利用，2019，37（3）：96-98.

[7] 张卫平. 电镀废水处理中的问题分析及措施[J]. 低碳世界，2019，9（2）：29-30.

[8] 张亚甜，梁阔，朱林，等. 电镀工艺废气治理综述[J]. 现代工业经济和信息化，2018，8（14）：45-47.

[9] 陈晓屏. 企业清洁生产审核技术要点[J]. 绿色科技，2018（12）：142-143.

[10] 蔡瑞峰. 电镀废水的危害与处理方法的研究进展[J]. 内蒙古科技与经济，2018（11）：83-85.

[11] 贾金涛. 电镀工艺清洁生产技术探析[J]. 化工管理，2017（22）：66-67.

[12] 赖柳锋. 浅谈电镀工艺的发展[J]. 当代化工研究，2017（5）：101-102.

[13] 陈敏婷. 电镀行业清洁生产审核要点分析[J]. 广州环境科学，2017，32（1）：22-24.

[14] 程城，高辰佼. 电镀行业清洁生产审核技术的探讨[J]. 污染防治技术，2017，30（3）：95-98.

[15] 高风华. 膜法回用技术在电镀废水处理中的应用[J]. 机电元件，2017，37（1）：35-39，49.

[16] 赵玉芳. 电镀废水处理及回用工程设计[D]. 天津：天津大学，2017.

[17] 郑泽统，李雁秋. 清洁生产审核在电镀企业的应用[J]. 广东化工，2016，43（14）：154-155，159.

[18] 梁锦成. 浅谈电镀行业清洁生产改善方案[J]. 化工管理，2016（20）：269-270.

[19] 李焯光. 电镀废气治理[J]. 科技风，2015（14）：26.

[20] 汪晴，熊杰，叶锦韶. 电镀行业重金属在线回收清洁生产技术[J]. 生态科学，2015，34（4）：163-168，195.

[21] 陆中银，周鹏. 电镀废水的治理[J]. 化工管理，2015（20）：220.

[22] 回顾历史 展望未来 共“镀”辉煌——电镀行业发展回顾及未来展望[C]. 中国表面工程协会电镀分会.“机遇与挑战产业转型升级之路”电镀行业（国际）高峰论坛论文集. 北京：中国表面工程协会电镀分会，2014：21-57.

[23] 马红娜，王龙莺，李彦娥. 电镀行业清洁生产技术实例分析[J]. 电镀与精饰，2014，36（9）：19-21.

[24] 庄宏波，付明. 电镀行业清洁生产技术实践[C]. 第十届全国转化膜及表面精饰学术年会论文集. 中国表面工程协会转化膜专业委员会，2014：165-167.

[25] 赵小健. 电镀行业清洁生产技术及其应用[J]. 电镀与精饰，2013，35（9）：29-32.

[26] 李纯爱. 电镀行业清洁生产方案浅析[J]. 科技创新与应用，2013（23）：101.

[27] 崔江瑞，李亚楠，于文娟. 浅谈清洁生产在电镀行业中的应用[J]. 资源节约与环保，2013（7）：146.

[28] 陈江. 浅谈清洁生产促进电镀行业可持续发展[J]. 资源节约与环保，2013（3）：39.

[29] 郑永廷. 电镀盐酸酸雾及含盐酸废气治理[J]. 能源与节能，2012（12）：1-2.

[30] 戴琴，郑定成，曾威. 电镀行业现状及推行清洁生产的措施[J]. 广东化工，2012，39（14）：124-125.

[31] 肖敏. 电镀行业清洁生产技术探讨与实践[J]. 科技传播，2012，4（16）：25-27，30.

[32] 蔡瑜瑄，曾艳华，林志凌，等. 电镀行业清洁生产审核技术要点的探讨[J]. 电镀与涂饰，2012，31（3）：30-34.

[33] 董晓清，李朝林，邵培兵. 我国电镀行业节能减排的关键——促进中小电镀企业清洁生产实施的政策研究[J]. 电镀与涂饰，2011，30（9）：46-49.

[34] 蒋青山. 电镀行业废水污染防治最佳可行技术与评价方法研究[D]. 南昌：南昌航空大学，2011.

[35] 电镀行业推广绿色无氰镀金技术[J]. 黄金科学技术，2011，19（2）：12.

[36] 李彩丽. 含镍电镀污泥中镍的回收和综合应用[D]. 太原：太原理工大学，2010.

[37] 曾祥德. 零排放技术在电镀中的应用[J]. 电镀与精饰，2009，31（12）：40-43.

[38] 何生龙. 我国古代的表面处理[J]. 电镀与涂饰，2009，28（9）：41-43.

[39] 文亚. 电镀的起源（二）[J]. 表面工程资讯，2009，9（4）：39.

[40] 尚书定. 电镀废气的抑制与处理[J]. 电镀与精饰，2009，31（7）：37-39.

[41] 文亚. 电镀的起源（一）[J]. 表面工程资讯，2009，9（3）：38-39，4.

[42] 廖志民，朱小红，杨圣云. 电镀废水处理与资源化回用技术发展现状与趋势[J]. 环境保护，2008（20）：71-73.

[43] 邢文长. 中国电镀与清洁生产前沿技术[J]. 电镀与精饰，2006（4）：32-37.

[44] 沈品华. 电镀清洁生产技术[J]. 腐蚀与防护，2006（3）：140-144，158.

[45] 魏立安. 电镀企业清洁生产审核 第二部分 电镀企业如何开展清洁生产审核[J]. 电镀与涂饰，2005（8）：29-32.

[46] 魏立安. 电镀企业清洁生产审核 第一部分 清洁生产审核概述[J]. 电镀与涂饰，2005（7）：38-41.

[47] 李军，王敏. 绿色电镀技术的探讨[J]. 天津化工，2005（1）：42-44.

[48] 李家柱. 电镀工业清洁生产的发展趋势[J]. 表面工程资讯，2004（6）：1-2.

[49] 孙爱红，丛峰. 电镀行业清洁生产方案[J]. 环境保护科学，2000（S1）：9-11.

[50] 沈品华. 电镀废水治理方法探讨[J]. 电镀与环保，1998（3）：28-31.

[51] 张孝仁. 国外电刷镀技术现状及发展趋势（三）[J]. 铁道机车车辆工人，1997（7）：19-21.

[52] 张孝仁. 国外电刷镀技术现状及发展趋势（二）[J]. 铁道机车车辆工人，1997（6）：19-21，27.

[53] 张孝仁. 国外电刷镀技术现状及发展趋势（一）[J]. 铁道机车车辆工人，1997（5）：19-21.

[54] 胡铁骑. 我国电镀行业十年的发展概况及展望[J]. 材料保护，1994（5）：26-28.

[55] 张文辉. 电镀工业废气治理[J]. 表面技术，1994（1）：39-40.

[56] 周金保.《格致汇编》与中国早期电镀[J]. 电镀与精饰，1991（4）：45-49.

[57] 电镀始于何时？[J]. 电镀与涂饰，1986（4）：110，106.

[58] 何生龙. 电镀史话[J]. 电镀与环保，1985（3）：33-36.

[59] 新吾. 80年代美国电镀动向[J]. 电镀与精饰，1982（4）：44-46.

[60] 王超，王宗雄. 浅谈电镀废气的治理[J]. 电镀与涂饰，2014，33（1）：24-28.

[61] 乔红，李强，马继芬. 电镀工业氮氧化物废气治理技术[J]. 平原大学学报，2004（5）：4-5.

[62] 周平章. 谈谈电镀废气治理[J]. 电镀与涂饰，1996（4）：57-58.

[63] 江研因. 电镀工厂废气治理[J]. 电镀与环保，1981（1）：22-29.

[64] 钟雪虎，焦芬，覃文庆，等. 电镀污泥处理与处置方法概述[J]. 电镀与涂饰，2017，36（17）：948-953.

[65] 吴长淋. 电镀污泥的性质及资源化研究进展[J]. 资源节约与环保，2018（4）：94，123.

[66] 黄贵新. 电镀清洁生产技术及应用[J]. 广州化工，2016，44（15）：144-147，188.

[67] 王月娟，侯爱东. 电镀行业清洁生产技术应用[J]. 江苏环境科技，2005（3）：25-26.

[68] 龚浩，梁卓健. 电镀企业水污染控制与环境管理分析[J]. 环境与发展，2019，31（9）：42-43.

[69] 王金民，吕佳. 电镀行业污染控制及环境治理分析[J]. 中国资源综合利用，2018，36（4）：146-148.

[70] 杨欣. 电镀工艺环境影响评价污染防治对策[J]. 江西化工，2018（2）：49-50.

[71] 周亚群. 清洁生产分析在电镀行业环评中的应用[J]. 环境保护与循环经济，2018，38（3）：9-12.

[72] 邹森. 清洁生产与电镀技术发展[J]. 建材与装饰，2018（1）：169-170.

[73] 潘明秋. 电镀行业污染控制与环境治理[J]. 科技与创新，2015（24）：113，116.

[74] 王海燕，马捷，钱小平，等. 我国电镀环保标准体系研究与建议（Ⅰ）——标准现状与体系框架[J]. 电镀与精饰，2014，36（9）：14-18.

[75] 王海燕，马捷，王宏洋，等. 我国电镀环保标准体系研究与建议（Ⅱ）——直接针对电镀污染防治的标准[J]. 电镀与精饰，2014，36（10）：36-42.

[76] 蔡巧川. 浅析电镀行业清洁生产探索与实践[J]. 环境，2014（S1）：6.

[77] 陈可. 电镀行业重金属污染防治的环境管理策略研究[J]. 环境保护，2014，42（13）：55-57.

[78] 张江威. 电镀废水处理工程运行实例分析[J]. 资源节约与环保，2019（3）：75-76.

[79] 吴瑞芳. 电镀废水处理中的问题分析及解决措施[J]. 中国石油和化工标准与质量，2016，36（24）：67-68.

[80] 王静宇，丛明辉. 环境影响评价中电镀废气污染物源强核算方法及典型污染防治措施分析[J]. 中国资源综合利用，2020，38（1）：150-152.

[81] 蒋小友，汪葵，吴军，等. 电镀园区废气设施建设及营运管理方式的探讨[J]. 绿色科技，2017（16）：42-45.

[82] 高小娟，李瑞玲，俞岚，等. 电镀工业园区的建设、运营及环境管理[J]. 电镀与环保，2019，39（4）：24-27.

[83] 国家发展和改革委员会，环境保护部，工业和信息化部. 电镀行业清洁生产评价指标体系[Z]. 2015.

[84] 环境保护部. 排污许可证申请与核发技术规范—电镀工业：HJ 855—2017[S]. 2017.

[85] 生态保护部. 排污单位自行监测技术指南—电镀工业：HJ 985—2018[S]. 2018.

[86] 生态环境部. 电镀污染防治最佳可行技术指南：HJ 1306—2023[S]. 2023.

[87] 环境保护部. 电镀污染物排放标准：GB 21900—2008[S]. 2008.

[88] 工业和信息化部. 电镀行业规范条件[Z]. 2015.

[89] 浙江省环境保护厅. 浙江省电镀行业污染防治技术指南[Z]. 2016.

[90] 福建省生态环境厅. 福建省电镀行业污染防治工作指南（试行）（闽环保固体〔2020〕6 号）[Z]. 2020.